초등학생을 위한
요리과학실험
365

DAISUKI SWEETS DE JIYUKENKYU

Supervised by Mitsuru Moriguchi

초등학생을 위한 요리 과학실험 365
공부가 좋아지는 탐구활동 교과서

1판 6쇄 펴낸 날 2021년 10월 15일

지은이 | 주부와 생활사
옮긴이 | 윤경희
감　수 | 모리구치 미쓰루·천성훈

펴낸이 | 박윤태
펴낸곳 | 보누스
등　록 | 2001년 8월 17일 제313-2002-179호
주　소 | 서울시 마포구 동교로12안길 31 보누스 4층
전　화 | 02-333-3114
팩　스 | 02-3143-3254
E-mail | viking@bonusbook.co.kr
블로그 | http://blog.naver.com/vikingbook

ISBN 978-89-6494-276-5 63400

바이킹은 보누스출판사의 어린이책 브랜드입니다.

• 책값은 뒤표지에 있습니다.

초등학생을 위한 요리과학실험 365

공부가 좋아지는 탐구활동 교과서

주부와 생활사 지음 | 모리구치 미쓰루 · 천성훈 감수

바이킹

요리로 아이에게 과학의 맛을 보여 주세요

일상에 숨어 있는 과학을 아이와 함께 즐겨 보세요.

자유롭게, 즐겁게 호기심을 키워 주세요

아이의 호기심을 키우는 데는 어른의 적극적인 도움이 필요하지 않습니다. 평소 엄마 아빠가 흥미로운 것을 찾아 탐구하는 모습만큼 효과적인 것은 없습니다. 엄마 아빠가 재미있어 하는 모습을 보여 준다면 아이도 덩달아 하고 싶어지니까요.

또한 아이의 호기심은 '강제'하거나 '공부'라고 강요하면 급속도로 위축되고 맙니다. 그저 원하는 것을 자유롭고 즐겁게 하도록 해 주세요. 그리고 책을 참고해 자유탐구를 시작했다면 "책에 적혀 있지 않은 것도 찾아봐." "잘되지 않으면 같이 다른 방법을 찾아볼까?" "그 실험보다 더 재미있는 게 있으면 순서를 바꿔서 해도 괜찮아."라고 격려해 주세요.

최근에 "우리 아이가 요리하기를 좋아하면 좋겠어요." 하는 분이 많아졌습니다. 요리와 과학이 관련 있기 때문일 테지요. 그런데 과학에 장점만 있는 것은 아닙니다. "과학은 양날의 칼이다."라는 말이 있지요. 원자력 발전소를 예로 들면 금방 이해하실 겁니다. 원자력 발전소에서 전기 에너지를 만들어 생활에 활용하는 것은 이롭지만, 원자력으로 만드는 핵폭탄은 인류에게 재앙이지요. 과학의 '진보'가 100퍼센트 옳다고 단언할 수 없습니다. 그러니 부디 이러한 점을 유념하셔서 자녀의 자유탐구를 지켜봐 주시길 바랍니다.

요리는 과학으로 통하는 창문입니다

과학은 특별한 장소에 따로 존재하는 것이 아니라 일상에 있습니다. 그런 점에서 이 책에서 다루는 요리는 과학의 세계를 살짝 엿보는 좋은 창문입니다.

인간은 생명을 유지하려면 어찌 되었든 다른 생물(식품)을 먹어야 합니다. 이렇게 과학적으로 요리에 다가가면 자녀도 생활 속에 과학이 숨어 있다고 느낄 것입니다. 자녀와 함께 책을 읽은 후 '요리를 해 보고 싶다'고 하면 그때가 바로 과학에 대한 호기심을 키울 수 있는 좋은 기회입니다.

학부모 여러분 마음에 '이 기회에!' 하며 여러 욕심이 생길지 모르겠습니다. 그러나 자녀가 스스로 하도록 믿고 맡기길 바랍니다. 자녀가 스스로 생각하고 도움을 요청할 때까지 기다리세요. 예를 들어, "불을 써야 하는데 지켜봐 주세요."라든가 "○○이 필요한데 사 주세요."라고 부탁할 때 비로소 도와주세요. 그러기 전까지는 스스로 하도록 지켜봐 주세요.

모리구치 미쓰루

과학만이 아니라 역사든 문학이든 그 무엇이든 아이가 흥미를 보인다면 뒤에서 살짝 거들어 주는 태도가 가장 좋아요.

차 례

팽창하는 요리의 마법

딱딱하거나 부드러운 음식의 비밀

알록달록 색깔이 변하는 특별한 만남

자유탐구를 위한 특별수업

자유탐구를 시작할까요! 이 책을 읽는 방법이에요.

지금 당장 먹고 싶지요? 요리 실험의 제목이에요. 맛있는 23가지 요리를 배울 수 있어요.

필요한 재료는 여기에 다 적혀 있어요. 마침 집에 있다면 바로 만들 수 있겠지요?

주의 사항이나 요리 비결, 궁금증을 다룹니다.

왜 부풀어 오르지? 왜 굳는 걸까? 왜 색이 변하지? 요리할 때 궁금했던 비밀이 과학에 숨어 있어요. 귀여운 그림과 음식을 먹기 좋게 담은 사진이 여러분의 호기심을 자극할 거예요. 꼼꼼히 읽어 보면 어느새 과학 지식이 쑥쑥!

요리 과정을 사진으로 자세히 소개합니다. 얼마만큼 거품을 내야 하는지 등 궁금한 점은 사진을 보면서 참고할 수 있어요.

새로운 요리는 여기에! 다른 맛을 내는 방법이나 같은 재료로 만들 수 있는 다른 요리를 소개합니다.

요리 실험과 관련된 재미있는 이야기는 여기에 있어요. 조금 길긴 해도 읽으면 '아하!' 할 거예요.

"자유탐구, 어떻게 하라는 거지?"라고 주저하는 친구가 있나요? 걱정 마세요. 주제를 찾는 방법부터 친절하게 알려 줍니다.

1장

팽창하는 요리의 마법

탁탁탁 기름이 튀면서 도넛과 튀김빵이 만들어지고, 팡팡 요란한 소리와 함께 팝콘이 완성될 동안, 과연 부엌에서는 무슨 일이 벌어질까요? 이 장에서 소개하는 요리는 모두 팽창해서 완성되는 공통점이 있습니다.

하지만 요리는 서로 다른 마법으로 부풀어 올라요. 지금부터 눈을 크게 뜨고 마법처럼 보이는 과학 원리를 익혀 보세요. 도움말을 주자면, 각 재료는 '물'이나 '열', '공기'를 만나 변신한답니다. 요리 과정에서 물, 열, 공기가 어떤 역할을 하는지 잘 살펴보세요!

요리에 숨은 과학 원리를 찾아라!

마법처럼 보이는 요리에는 과학 원리가 숨어 있어요. 요리를 하면서 익힐 수 있는 새로운 개념이 무궁무진하답니다. 무엇을 새로 배울지 미리 알아보세요. 굵은 글씨를 중심으로 천천히 소리 내어 읽어 보세요. 여러분의 머릿속에 개념이 쏙쏙 들어올 거예요.

- 세상에 있는 모든 물질을 쪼개고 또 쪼개면 눈에 보이지 않는 아주 작은 물질로 나눌 수 있어요. 바로 **분자**랍니다. 예를 들어 눈에 보이지 않는 물과 공기, 요리 재료로 쓰이는 감자도 분자로 이루어져 있답니다.
- 액체의 끈끈한 성질을 **점성**이라고 합니다. 밀가루에 물을 넣고 섞으면 밀가루에 있던 성분들이 서로 결합하면서 끈끈해진답니다. 도넛과 튀김빵을 만들 때는 밀가루에 점성이 생겨야 맛있어요.
- 콜라, 사이다 같은 탄산음료를 좋아하나요? 이런 음료들은 마시면 톡톡 쏘는 시원한 맛이 있지요. 탄산가스가 들어 있기 때문이에요. **탄산가스는 이산화탄소**라고도 부른답니다.
- 식물은 물과 이산화탄소를 재료로 햇빛을 받아 녹말과 산소를 만들어요. 이것을 **광합성**이라고 합니다. 녹말은 식물에 밥과 같답니다. 녹말은 감자, 고구마, 옥수수를 구성하는 성분이자, 이것들을 갈아 가라앉힌 앙금을 말린 가루도 뜻하기 때문에 **전분**이라고도 불러요.
- 광합성은 잎에 있는 **엽록체**라는 곳에서 일어나요. 엽록체 안에 **엽록소**라는 녹색 알갱이가 들어 있어서 식물이 녹색으로 보인답니다.

실험을 마친 후 다음을 설명해 보세요.

☐ 삼투 현상　　☐ 녹말의 호화

도넛

 재료를 잘 섞어서 기름에 튀겨 봐요! 자, 어떻게 만들어졌나요?

🛒 준비 밀가루(박력분) 2컵, 베이킹파우더 1큰술, 달걀 1개, 설탕 50g, 우유 5큰술, 기름, 숟가락, 주걱

튀김을 바삭하게 튀기는 방법은? 14쪽을 읽고 튀기는 방법을 연구해 봅시다. 위험하니 어른과 함께하세요.

반죽에 공기를 집어넣듯이 위아래로 섞어요

1 달걀, 설탕, 우유를 그릇에 넣어 섞고 밀가루와 베이킹파우더를 살살 흔들면서 넣은 뒤, 주걱으로 반죽을 위아래로 잘 섞어요.

2 숟가락으로 반죽을 떠서 180℃의 기름에 넣고 5분 정도 튀겨요.

참고 사항
☑ 설탕 가루를 도넛 위에 뿌리면 더 맛있어요.
☑ 절대로 빙글빙글 돌리며 섞지 않아요.

도넛 반죽 속에 있는 공기가 열을 만
나면서 부풀어 올랐어요. 베이킹파우
더의 역할은 17쪽에서 자세히 알 수
있어요.

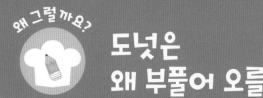

왜 그럴까요?
도넛은
왜 부풀어 오를까요?

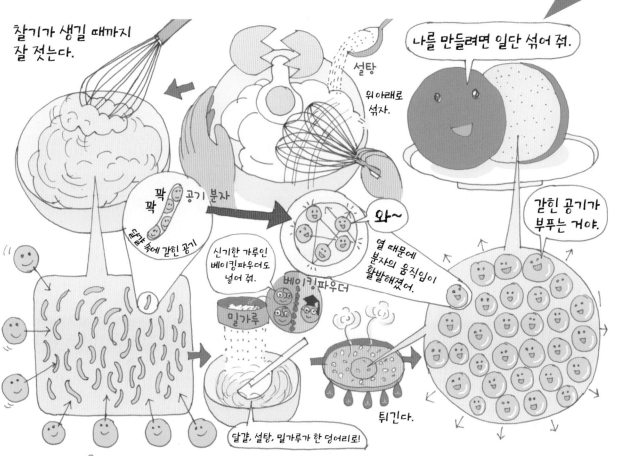

찰기가 생길 때까지
잘 젓는다.

설탕
위아래로
섞자.

나를 만들려면 일단 섞어 줘.

꽉
꽉
공기 분자

반죽 속에 갇힌 공기

신기한 가루인
베이킹파우더도
넣어 줘.

베이킹파우더

밀가루

와~

열 때문에
분자의 움직임이
활발해졌어.

갇힌 공기가
부푸는 거야.

달걀, 설탕, 밀가루가 한 덩어리로!

튀긴다.

내가 좋아하는 맛으로 변신!

★ 계핏가루와 설탕   ★ 볶은 콩가루

도넛이 뜨거울 때 계핏가루와   고운 설탕과 볶은 콩가루를 섞
설탕을 뿌리면 달고 고소한 맛   어서 묻히면 인절미 같은 맛이
이 나요.   나요.

다른 맛도
도전해 봐!

튀길 때 기름의 온도 이야기

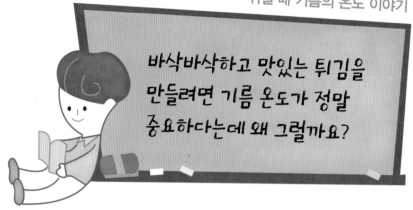

바삭바삭하고 맛있는 튀김을 만들려면 기름 온도가 정말 중요하다는데 왜 그럴까요?

방금 전에 만든 도넛도 그렇고, 모두들 좋아하는 치킨이나 프라이드 포테이토는 식재료를 기름에 튀겨서 만들어요. 뜨거운 기름에 식재료를 넣으면 곧바로 쏴아 하고 거품이 올라오는데, 이 현상은 재료 속의 수분과 기름이 엄청난 힘으로 자리를 교대하기 때문에 일어난답니다.

뜨거운 기름에 식재료를 넣으면 재료와 튀김옷에 있던 수분이 증발하고 수분이 빠진 자리를 기름이 들어와 차지해요. 그래서 수분이 충분히 증발된 튀김일수록 씹었을 때 바삭바삭하고 맛있지요.

한편 기름의 온도가 너무 낮거나 반대로 너무 높아서 수분과 기름의 교대가 원활하지 않으면 눅눅하고 맛없는 튀김이 되어 버려요. 따라서 식재료가 딱딱한지 부드러운지에 따라 기름의 온도를 반드시 적절하게 지켜야 해요. 튀김 온도는 크게 저온(150~160℃), 중온(160~180℃), 고온(180~200℃)으로 나뉘어요. 저온에서 튀겨야 좋은 식재료는 감자나 호박처럼 녹말이 많은 것이나 두껍게 썰면 안쪽까지 쉽게 익히기 힘든 것들이에요. 녹말이 많은 식재료는 열을 가해 부드러워지는 호화 과정에 시간이 걸리기 때문에 저온에서 충분히 익혀야 맛있어져요. 고온에서 튀겨야 좋은 식재료는 오징어나 새우 같은 수분이 많은 어패류, 크로켓처럼 속은 이미 익었고 먹음직스럽게 겉만 익히면 되는 것들이에요. 도넛, 채소, 튀김 등은 중온으로 튀겨야 맛있답니다.

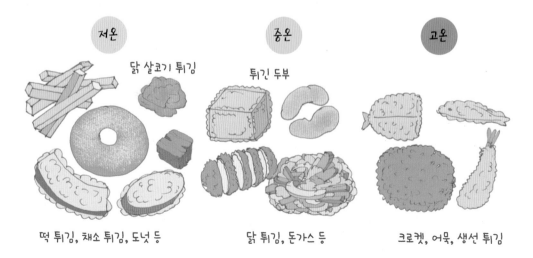

떡 튀김, 채소 튀김, 도넛 등   닭 튀김, 돈가스 등   크로켓, 어묵, 생선 튀김

이탈리아 튀김빵

교과서 6학년 2학기 1단원 생물과 우리 생활, 6학년 1학기 4단원 여러 가지 기체 | 핵심 용어 효모, 발효, 미생물, 이산화탄소

일반적으로 빵을 만들 때는 반죽을 한 뒤 얼마간 그냥 두는 숙성 과정을 거쳐요.
그런데 이 튀김빵은 곧바로 만들어요. 왜 그럴까요?

베이킹파우더와 베이킹 소다 중에 어느 것을 써야 더 잘 부풀어 오를까요?

재료 박력분·강력분 각 50g, 녹말가루 25g, 베이킹파우더 1작은술, 설탕 $\frac{1}{2}$작은술, 물 $\frac{1}{2}$컵, 파래김 적당량, 숟가락, 기름, 그릇

여러 종류의 재료를 섞어요

1 그릇 속의 반죽에 파래김 을 잘게 잘라 넣어요.

2 재료를 주걱으로 잘 섞으 며 반죽을 한 덩어리로 뭉쳐요.

3 숟가락으로 반죽을 떠서 180℃의 기름에 5분간 튀 겨요.

참고 사항
- ☑ 조금씩 물을 넣으면서 반죽한 뒤에 파래김을 넣어요.
- ☑ 실리콘 주걱을 사용하면 재료가 잘 섞여요.

도넛(11쪽 참조)에도 넣은 베이킹파우더! 반죽에 넣어서 열을 가하면 이산화탄소(탄산가스)가 나와서 잘 부풀어 오릅니다.

왜 튀김빵은 잘 부풀어 오를까요?

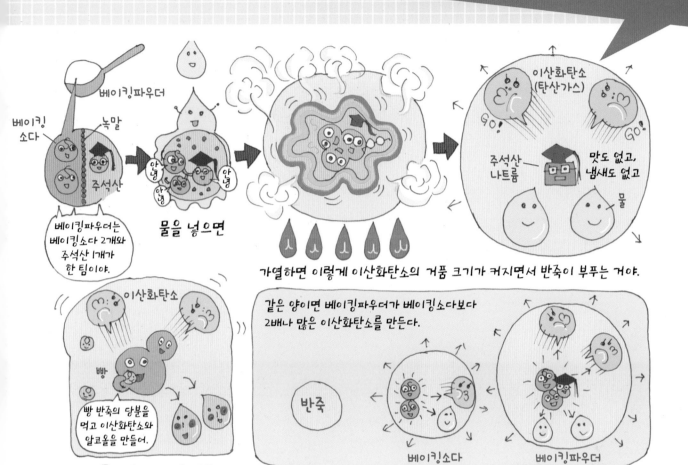

베이킹파우더

베이킹소다

녹말

주석산

베이킹파우더는 베이킹소다 2개와 주석산 1개가 한 팀이야.

물을 넣으면

가열하면 이렇게 이산화탄소의 거품 크기가 커지면서 반죽이 부푸는 거야.

이산화탄소 (탄산가스)

GO!   GO!

주석산 나트륨

맛도 없고, 냄새도 없고

물

이산화탄소

빵

빵 반죽의 당분을 먹고 이산화탄소와 알코올을 만들어.

효모를 이용해서 빵 만들기

같은 양이면 베이킹파우더가 베이킹소다보다 2배나 많은 이산화탄소를 만든다.

반죽

베이킹소다

베이킹파우더

내가 좋아하는 맛으로 변신!

★ 카레 가루

★ 치즈 가루

카레와 치즈는 맛있어!

파래김 대신에 카레 가루를 섞어도 좋아요.

가루로 된 치즈를 뿌리면 모두가 좋아하는 맛이 나요.

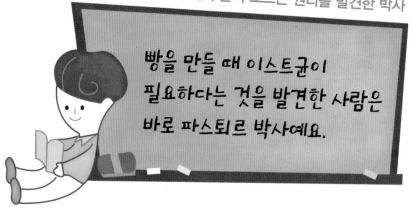

빵이 부풀어 오르는 원리를 발견한 박사

빵을 만들 때 이스트균이 필요하다는 것을 발견한 사람은 바로 파스퇴르 박사예요.

이탈리아 튀김빵을 만들 때는 빵 반죽을 부풀리기 위해 베이킹파우더를 사용했어요. 그런데 이스트균(효모)을 써도 빵을 만들 수 있답니다. 이스트균은 미생물이에요. 밀가루에 이스트균과 물을 넣어 반죽을 해 두기만 해도 발효가 시작되지요. 발효하면 이산화탄소(탄산가스)가 나오는데 이 기체의 거품이 빵 반죽을 부풀어 오르게 하고 완성된 빵을 폭신폭신하게도 해요.

기원전 4,000년경, 고대 중앙아시아 · 메소포타미아 지역에서 빵을 처음 만들었어요. 처음엔 발효하지 않은 납작한 빵이었어요. 그런데 반죽을 숙성하다가 우연히 공기 중의 효모균이 들어가면서 동그랗게 부풀어 오르는 빵이 세상에 나올 수 있었어요.

사람들은 빵이 부풀어 오르는 원인은 모른 채 부푼 빵을 만드는 기술만 후세에 전했고 덕분에 유럽 전역에 부푼 빵이 유행처럼 퍼져 크게 발전했어요. 하지만 부푸는 원인은 여전히 모르는 상태였지요.

17세기 후반에 이스트균의 존재가 발견되었지만 '이스트균을 넣으면 왜 빵이 부풀어 오르는지'는 밝혀지지 않았어요. 그러다가 1857년, 프랑스의 위대한 생화학자이자 의사였던 파스퇴르가 '이스트균이 당을 알코올과 이산화탄소로 분해한다'고 발표하면서 발효의 원리가 밝혀졌답니다.

효모가 당분을 알코올과 이산화탄소로 분해한다.

당 효모 이산화탄소 알코올

루이 파스퇴르

냄비 팝콘

 옥수수 알갱이와 기름을 냄비에 넣고 열을 가하면 팡! 팡! 씨앗 터지는 소리가 들려요.

 준비 말린 옥수수 알갱이 한 줌, 식용유 적당량(옥수수 알갱이 가 기름에 충분히 적셔질 만큼), 소금 적당량, 냄비

옥수수 알갱이일 때와 팝콘으로 터진 뒤의 무게는 같을까요? 잘 잴 수 있겠어요? 기름의 무게도 미리 재어 놓읍시다.

만들어 볼까요?

팡팡! 냄비 안에서 옥수수들이 난리가 났어요

1 말린 옥수수 알갱이 한 줌을 냄비에 넣고 식용유를 충분히 둘러요. 뚜껑을 덮고 약한 불에서 냄비를 앞뒤로 천천히 흔들어요.

2 팡! 소리가 날 때까지 기다려요. 그 후 팡! 소리가 줄어들면 불을 끄고 뚜껑을 열어요.

 참고 사항

☑ 기호에 따라 소금을 뿌려서 먹으면 더 맛있어요.
☑ 팝콘은 옥수수의 수분이 열로 사라져서 가벼워요.

옥수수 알갱이는 이중 구조로 이루어져 있어요. 중심에 있는 부드러운 부분이 열에 의해 부풀어 오르다가 겉에 있는 딱딱한 부분을 깨뜨려요.

팝콘은 왜 터질까요?

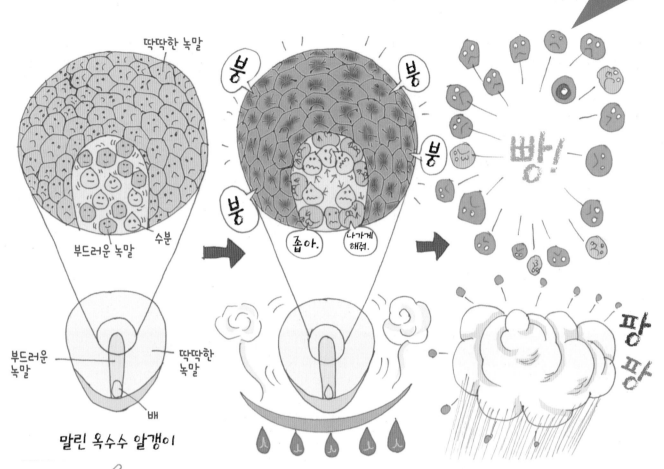

딱딱한 녹말

붕 붕 붕 붕

빵!

부드러운 녹말

수분

좁아. 나가게 해줘.

팡 팡

부드러운 녹말

딱딱한 녹말

배

말린 옥수수 알갱이

내가 좋아하는 맛으로 변신!

★ 버터

★ 메이플 시럽

전자레인지로 녹인 버터를 골고루 부어요.

전자레인지로 따뜻하게 데운 메이플 시럽을 골고루 부어요.

왜 터지는지 알았어!

21

옥수수는 어떻게 쓰이고 있을까요?

옥수수는 식용유, 가축의 사료,
그리고 자동차의 연료로도
쓰여요.

흔히 볼 수 있고 세계적으로 가장 많이 생산되는 곡물이 옥수수예요. 찌거나 구워서 곧바로 먹기도 하고, 부재료로 요리에 넣기도 하며, 한편으로는 다양하게 가공하기도 하지요.

예를 들면, 옥수수를 말려서 빻은 분말인 '옥수수 가루'는 빵이나 과자의 원료로 쓰여요. 옥수수로 만든 차는 '옥수수차', 옥수수로 만든 술은 '버번위스키', '옥수수유'는 옥수수 배아에 들어 있는 유분을 추출해서 만든 식용유예요. 돼지, 소, 닭의 사료로도 옥수수가 많이 쓰이고 있답니다.

이뿐만이 아니에요. 옥수수는 식용만이 아니라 공업용으로도 쓰이고 있어요. 옥수수에는 녹말이 많이 들어 있기 때문에 종이나 풀을 만들거나 발효해서 에탄올 같은 알코올을 만들 수도 있답니다.

최근에는 플라스틱의 원료와 바이오 에탄올이라 불리는 새로운 연료로 이용할 수 있다고 기대하고 있어요. 지금까지 플라스틱이나 연료는 석유에서 만들었지만 세계의 석유 자원은 한정되어 있지요. 옥수수는 석유와 달리 고갈되지 않는 새로운 에너지원으로 주목받고 있어요.

옥수수 가루

버번위스키

또띠아

옥수수 맥주

옥수수유

옥수수수염 (한방)

사료

맛있다

공업용 전분

생분해성 플라스틱

바이오 에탄올

옥수수 줄기와 잎 (퇴비)

머랭 디저트

 달걀흰자에 설탕을 넣고 휘휘 저어요. 하얗고 쫀쫀한 거품으로 변한답니다.

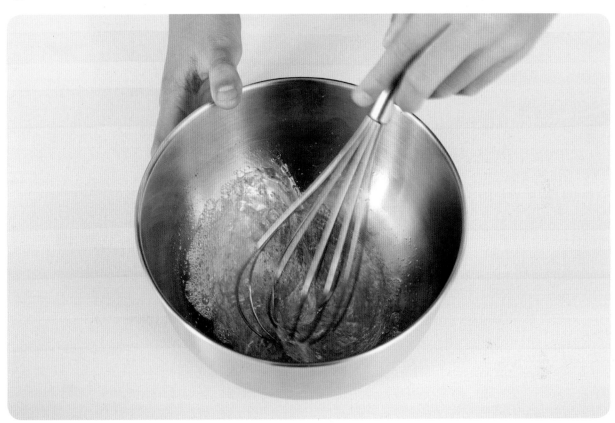

🛒 준비 달걀 2개(흰자만 필요), 흰 설탕 1큰술, 소금 적당량, 좋아
하는 과일(잘라서 준비 또는 과일 통조림), 거품기, 그릇

머랭은 열이 잘 통하지 않는다
는 특징이 있어요.

23

만들어 볼까요?

달걀흰자 안에 공기를 집어넣듯이 거품을 내 봐요!

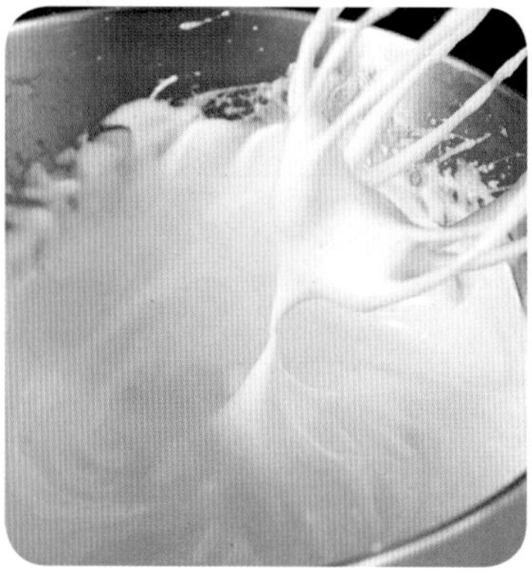

1 달걀흰자와 소금이 하얗게 될 때까지 설탕을 세 번으로 나누어 부으면서 거품기로 휘저어요.

2 과일 위에 1 을 부어서 덮어요.

3 100℃ 온도의 오븐에서 50분간 구워요.

참고 사항

- ✓ 거품에 단단한 뿔 모양이 생길 때까지 휘저어야 해요.
- ✓ 과일을 마음껏 올려서 먹으면 더 맛있는 머랭 디저트가 됩니다.

달걀흰자를 잘 저으면 공기가 들어가면서 고운 거품이 만들어져요. 설탕이 거품을 단단하게 한답니다.

왜 그럴까요?

머랭은 왜 폭신폭신 하게 느껴질까요?

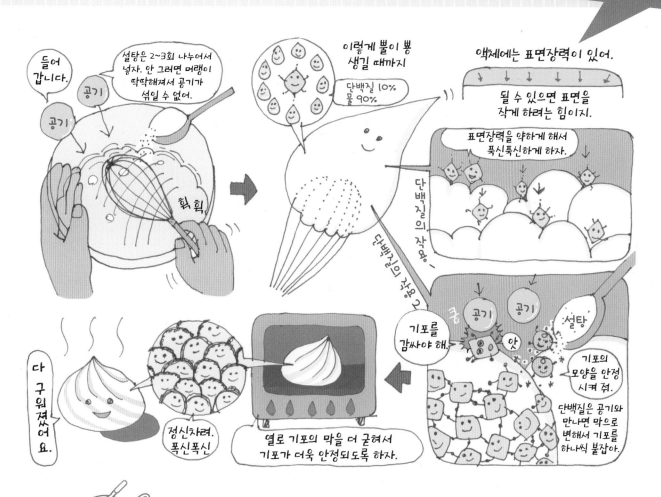

들어 갑니다.

공기

공기

설탕은 2~3회 나누어서 넣자. 안 그러면 머랭이 딱딱해져서 공기가 섞일 수 없어.

휙 휙

이렇게 뿔이 뾰족 생길 때까지

단백질 10% 물 90%

단백질의 작용

액체에는 표면장력이 있어.

될 수 있으면 표면을 작게 하려는 힘이지.

표면장력을 약하게 해서 폭신폭신하게 하자.

단백질의 작용 2

기포를 감싸야 해.

쿵

공기

공기

앗

설탕

기포의 모양을 안정시켜 줘.

단백질은 공기와 만나면 막으로 변해서 기포를 하나씩 붙잡아.

다 구워졌어요.

정신차려. 폭신폭신

열로 기포의 막을 더 굳혀서 기포가 더욱 안정되도록 하자.

따끈따끈 오믈렛도 만들어요!

★ 재료(1인분)

달걀 2개, 소금 적당량, 설탕 1큰술, 버터 1큰술, 메이플 시럽 적당량

★ 만드는 법

① 머랭을 만들어요.

② ①에 노른자를 넣으면서 계속 저어요.

③ 중간 불로 프라이팬을 달구고 버터를 녹여요. ②를 프라이팬이 꽉 차도록 붓고 약한 불로 익힌 후, 알맞게 구워지면 절반으로 접어 조금 더 익혀요. 접시에 담고 메이플 시럽을 뿌려 먹어요.

카스테라처럼 달콤해서 정말 맛있어.

25

거품을 내는 방법에 따라 식감이 달라지는 머랭

머랭은 케이크나 빵 등 다양한 디저트를 만들 때 쓰여요.

머랭은 달걀흰자와 설탕으로 거품을 내어 만들어요. 재료는 오직 두 가지이고 만드는 방법도 간단해요. 다만, 거품을 만들 때 온도나 설탕을 넣는 방법에 따라 머랭은 크게 세 종류로 나뉘어요. 각각 식감이 다르기 때문에 만드는 디저트에 따라 어떻게 만들지 정해야 한답니다.

첫 번째, 거품을 낸 흰자에 설탕을 조금씩 넣으면서 계속 휘젓는 것이 '프렌치 머랭'이에요. 거품을 낸 뒤에 가열하지 않으므로 디저트에 넣어 구우면 머랭 속에 있던 기포가 부풀어요. 폭신폭신하고 부드러운 스펀지케이크나 수플레('부풀다'란 뜻을 가진 요리 또는 과자), 구운 머랭 등을 만들 때 써요.

두 번째, 단단하게 거품을 낸 흰자에 설탕으로 만든 뜨거운 시럽을 넣고 계속 휘젓는 것이 '이탈리안 머랭'이에요. 뜨거운 시럽으로 살균도 하기 때문에 그냥 먹을 수 있답니다. 그래서 아이스크림이나 바바루아 등에 쓰여요.

세 번째, 흰자와 설탕을 중탕으로 50℃까지 온도를 높여 가며 휘젓고, 불에서 내린 뒤에도 계속 젓는 것이 '스위스 머랭'이에요. 결이 매우 섬세하고 치밀하기 때문에 과자나 케이크의 장식에 쓰여요.

그럼 앞에서 만든 머랭은 셋 중 어느 것일까요? 네, 그렇습니다. 프렌치 머랭이에요. 부드러운 식감을 만끽했나요?

프렌치 머랭   이탈리안 머랭   스위스 머랭

주름이 자글자글하게 말린 자두를 하룻밤 홍차에 담그면 어떻게 될까요?

준비 말린 자두 적당량. 홍차 티백 2개, 요구르트 1개, 그릇

그냥 물에만 넣어도 말린 자두를 생생하게 되살릴 수 있지만 홍차에 넣는 것이 훨씬 맛있답니다.

홍차에 담근 말린 자두는 어떻게 될까요?

1 말린 자두를 그릇에 담고 자두가 완전히 잠길 정도로 홍차를 부어요.

2 홍차가 식으면 그릇째 냉장고에 넣어서 하룻밤 이상 두었다가 요구르트에 넣으면 완성됩니다.

참고 사항
- ☑ 하룻밤 지나면 말린 자두가 탱글탱글하게 변해요.
- ☑ 자두의 씨가 없어도 홍차에 담가 두면 탱탱해져요.

말라서 수분이 빠진 자두를 홍차에 담그면 말린 자두 속으로 홍차의 수분이 들어가서 탱탱해지는 거예요.

왜 그럴까요?

왜 말린 자두가 탱탱하게 변했을까요?

자두

햇빛

말린 자두

말린 자두는 양쪽 다 풍부해.

물에 녹는 식이섬유

물에 녹지 않는 식이섬유

식이섬유

탱탱하게 변한 말린 자두

수분

다양한 요리에 도전!

★ 무말랭이

무말랭이와 두부 한 모를 함께 넣고 조물조물 무쳐요.

★ 말린 망고

말린 망고를 그릇에 담고 요구르트를 부은 뒤 하룻밤 재워요.

기억해 둬.
말린 자두가 탱탱하게 변한 것은 말린 자두의 세포막을 통해 물이 들어갔기 때문이야.
이게 바로 '삼투 현상' 이지.

말려서 더 맛있게 즐기는 채소와 과일

말린 과일이나 채소를
집에서도 만들 수 있다는데,
정말일까?

말린 포도나 말린 자두, 말린 버섯, 무말랭이 같은 '건조식품'은 기계로 수분을 제거하거나 햇볕에 말린 거예요. 이렇게 하면 식재료 속의 수분이 없어지면서 오랫동안 보존할 수 있고 햇볕에 말린 덕분에 더 달고 맛있어져요. 게다가 비타민과 칼슘, 미네랄 등의 영양소뿐만 아니라 식이섬유도 꽉 차므로 몸에 도 좋다고 하니 대단하지요?

말린 채소는 시장이나 슈퍼마켓에서 쉽게 살 수 있어요. 그런데 여러분, 집에서도 간단히 만들 수 있답니다. 기본적으로 채소나 과일은 다 가능하나 우선은 가게에서 자주 볼 수 있는 무말랭이, 말린 버섯, 감말랭이, 말린 포도 같은 식재료부터 만들어 봅시다.

만드는 방법은 간단해요. 재료를 씻어서 원하는 크기로 잘라 바람이 잘 통하고 해가 드는 양달이나 반그늘에서 말리면 된답니다. 말리는 기간은 재료에 따라 다르지만 대개 하루에서 2주예요. 완전히 말리지 않으면 곰팡이가 생길 수 있으니 조심해야 해요. 또한 새나 곤충의 표적이 되지 않도록 망으로 덮거나 소쿠리 등에 담아서 말립시다.

자, 말린 채소와 말린 과일이 완성되었나요? 어떤 맛인가요?

생으로 먹는 것보다 많이 먹을 수 있기 때문에 식이섬유, 미네랄(칼슘, 철분, 구리, 칼슘 등),
비타민(B1, B2, C, E, B6 등) 등의 영양소를 많이 섭취할 수 있어요.

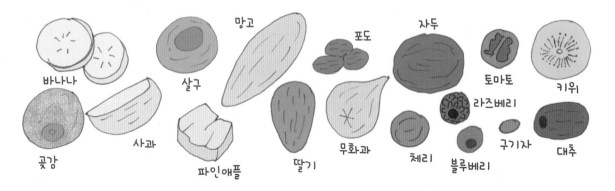

바나나 / 망고 / 살구 / 포도 / 자두 / 토마토 / 키위 / 라즈베리 / 곶감 / 사과 / 파인애플 / 딸기 / 무화과 / 체리 / 블루베리 / 구기자 / 대추

맛있는 주먹밥

교과서 5학년 1학기 3단원 식물의 구조와 기능 심화 | 핵심 용어 삼투 현상, 녹말, 호화

 쌀알은 딱딱한데 쌀로 짓는 밥은 부드러워요. 왜 그럴까요?

🛒 준비 쌀 2컵, 물 2컵(쌀과 물은 같은 양으로), 냄비

냄비 말고 다른 것에도 밥을 지을 수 있을까요? 대나무 통에 밥을 짓기도 하는데 본 적 있나요?

31

쌀로 밥을 지으면 어떤 변화가 일어날까요?

1 쌀에 같은 양의 물을 부어 30분간 쌀을 불립니다.

2 강한 불에서 보글보글 끓으면 약한 불로 10분간 더 끓여요.

3 불을 끄고 10분간 뜸을 들여요. 잘 지은 밥으로 주먹밥을 만들어요.

참고 사항
☑ 불을 끈 뒤에도 냄비 뚜껑을 열지 말고 뜸을 들여야 맛있는 밥이 됩니다.
☑ 밥을 짓기 전과 지은 뒤를 비교해 보세요.

쌀에 물을 붓고 불린 후 열을 가하면
쌀에 녹말이 들어 있어 쌀알이 커지
고 끈적끈적해져요. 이것을 호화라고
합니다.

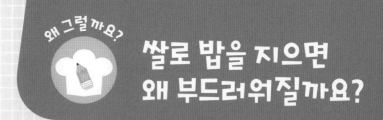

쌀로 밥을 지으면 왜 부드러워질까요?

우리의 식탁에서 빠지지 않는 쌀

매일매일 먹는 쌀에는 어떤 종류가 있을까요? 그리고 어떤 영양 성분이 들어 있을까요?

우리가 주식으로 매일 먹는 쌀은 영양소가 듬뿍 담긴 '보물단지'예요. 즉 몸에 필요한 에너지를 만드는 탄수화물과 지방, 몸을 구성하는 데 필요한 단백질, 몸의 균형을 맞추는 데 필요한 비타민과 미네랄 등 많은 영양소가 포함되어 있지요.

논에서 수확한 쌀은 '벼'라 하고 벼에서 겉겨를 벗겨낸 것을 '현미'라고 해요. 그리고 벼에서 겉겨를 제거하는 작업을 '도정'이라고 하지요. 겉겨를 얼마만큼 제거했는가에 따라 3분도미, 5분도미, 7분도미, 백미로 구분한답니다. 참고로 분도의 숫자가 작을수록 현미에 가까우니 쌀을 살 때 여러분이 원하는 상태인지 확인하세요.

쌀겨에는 비타민이 많이 포함되어 있어요. 따라서 도정이 덜 된 쌀(숫자가 작은 쌀)을 먹을수록 비타민을 섭취하는 데 도움이 되겠지요? 그러나 백미에 비해 현미는 부드러운 식감이 아니라서 먹기 힘들고 색깔도 누르스름한 갈색이에요. 그러니 현미를 불리는 시간을 늘려 보거나, 어떻게 하면 불리지 않은 현미로 밥을 맛있게 지을지 생각해 봅시다.

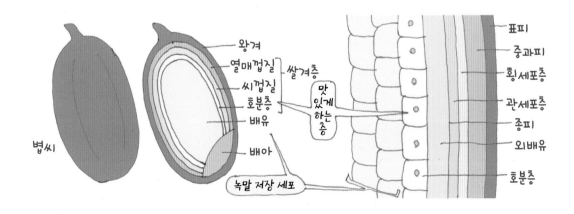

떡 구이

 굳어 버린 떡은 그대로 먹을 수 없지요. 그럼, 구우면 어떻게 변하는지 살펴볼까요?

준비 떡, 간장 적당량, 김 적당량

떡을 얇게 썰어 기름에 튀기면 쌀과자처럼 변해 맛있어요.

35

어떤 모양으로 부풀어 오를까요?

1 칼집을 넣은 떡과 칼집을 넣지 않은 떡을 준비하고 오븐 토스터에 나란히 넣어요.

2 떡의 상태를 보면서 3~5분 정도 구워요.

참고 사항

☑ 칼집을 내서 구운 떡이 더 잘 부풀어요.

☑ 떡이 부풀어 오르면 딱 먹기 좋아요.

36

떡 속에 있던 수분은 열 때문에 커져요. 떡을 식히면 굳어 버리지만 열을 만나면 또다시 부풀어 올라요.

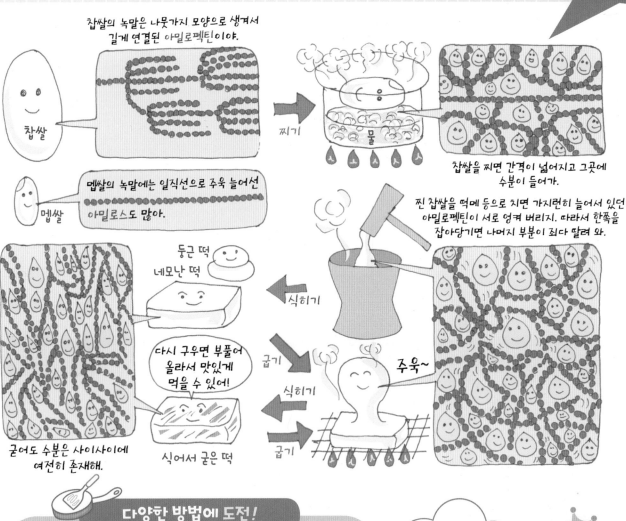

찹쌀의 녹말은 나뭇가지 모양으로 생겨서 길게 연결된 아밀로펙틴이야.

찹쌀

찌기

찹쌀을 찌면 간격이 넓어지고 그곳에 수분이 들어가.

멥쌀의 녹말에는 일직선으로 주욱 늘어선 아밀로스도 많아.

멥쌀

찐 찹쌀을 떡메 등으로 치면 가지런히 늘어서 있던 아밀로펙틴이 서로 엉켜 버리지. 따라서 한쪽을 잡아당기면 나머지 부분이 죄다 딸려 와.

둥근 떡

네모난 떡

식히기

주욱~

다시 구우면 부풀어 올라서 맛있게 먹을 수 있어!

굽기

식히기

식히기

굽기

굳어도 수분은 사이사이에 여전히 존재해.

식어서 굳은 떡

다양한 방법에 도전!

★ 전자레인지

★ 뜨거운 물

전자레인지로 데우면 몇 분 되지 않아서 떡이 갑자기 확! 부풀어 올라요.

뜨거운 물에 데치면 끈적하면서도 부드럽게 변하지요.

그렇구나!
그래서
부푸는구나!

oAsakoo

37

쌀로 만드는 맛있는 이야기

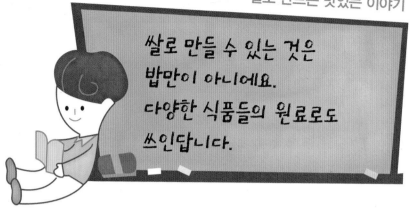

쌀로 만들 수 있는 것은 밥만이 아니에요. 다양한 식품들의 원료로도 쓰인답니다.

'쌀' 하면 하얀 밥이 제일 먼저 생각나지요? 하지만 쌀은 떡이나 전통 과자를 비롯해 다양한 식품의 원료로도 쓰인답니다. 쌀가루를 이용한 빵이나 케이크도 있듯이, 요즘에는 쌀을 원료로 하는 먹거리가 매우 다양해요. 식혜와 약식을 만드는 데 쓰이는 지에밥이 있고 과자로는 강정, 뻥튀기 등이 있어요. 음료로는 막걸리, 소주, 현미차가 있고 조미료로는 맛술, 고추장, 간장, 된장 등이 있답니다. 쌀알만이 아니라 쌀을 도정할 때 나오는 겨를 이용해 장아찌를 만들기도 해요. 쌀은 가축의 사료로도 쓰이지요.

먹거리 말고도 쓰이는 곳이 많습니다. 쌀로 화장품을 만들거나, 기름을 짜고, 석유를 대체할 수 있는 '바이오 에탄올'이라는 연료를 개발하는 실험도 진행되고 있어요.

이처럼 우리 생활에서 빠지지 않는 쌀이지만 생활 방식의 서구화에 따라 밥 대신 빵이나 면류를 먹는 사람이 늘어나고 있기 때문에 쌀 소비량은 해마다 줄어들고 있답니다. 쌀을 생산하는 농부들을 위해서라도 적극적으로 쌀을 먹으면 좋겠어요.

미역 샐러드

작게 잘라 말린 미역에 물을 부었더니 양이 많아졌어요.

준비 말린 미역 한 줌, 오이 1개(얇게 썰어서 준비), 참기름 2큰술, 폰즈 소스 3큰술, 그릇, 젓가락

말린 미역은 물에서 잘 불었지요? 하지만 간장에서는 불지 않아요. 신기하죠? 한번 해 볼래요?

앗, 이런! 이렇게 많아졌어요

1 말린 미역에 물을 부으면 미역이 풀어지면서 불어나기 때문에 말린 미역을 필요한 양의 $\frac{1}{10}$ 만큼만 그릇에 담고 물을 부어요.

2 물에 불린 미역에 얇게 썬 오이, 참기름, 폰즈 소스를 넣어서 버무려요.

참고 사항

☑ 말린 미역은 물에 넣으면 처음보다 무게가 10~12배나 늘어나요.

☑ 미역 샐러드에 하얀 통깨를 뿌리면 더 맛있어요.

말린 미역이 수분을 흡수하기 때문에
불어난답니다. 물을 흡수하기 전과
후, 무게 차이가 자그마치 10배라고
해요. 대단하죠?

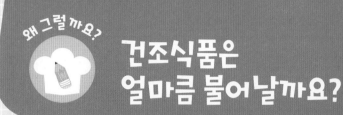

건조식품은
얼마큼 불어날까요?

왜 그럴까요?

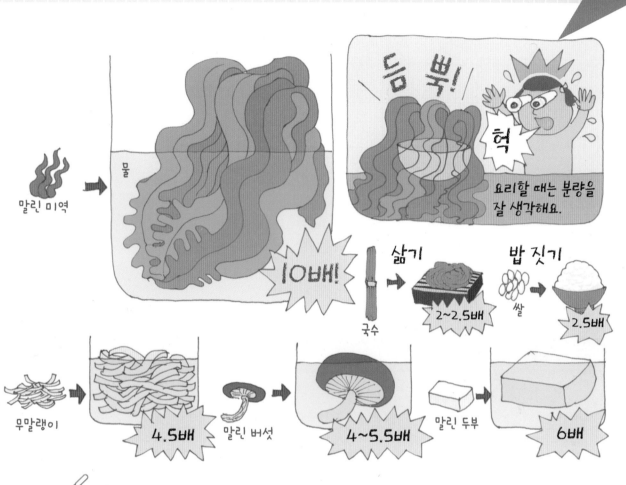

말린 미역

물

늠뿍!

헉

요리할 때는 분량을
잘 생각해요.

10배!

국수

삶기

2~2.5배

밥 짓기

쌀

2.5배

무말랭이

4.5배

말린 버섯

4~5.5배

말린 두부

6배

다양한 건조식품으로 실험해 보자!

★ 말린 버섯

★ 말린 두부

말린 버섯은 종류에 따라 불어
나는 정도가 달라요.

말린 두부는 얼마나 불었나요?

참 다양한
크기로
불어나네!

41

미역아, 너의 진짜 색깔은 뭐니?

미역 색깔은 요리에 따라 다르다는데 정말일까요? 왜 그럴까요?

여러분에게 질문 하나 할게요. 미역은 대체 무슨 색일까요?

된장국을 먹을 때 봤던 미역이나 미역초무침을 떠올린 사람은 "초록색!"이라고 할 거예요. 반면 바닷가에서 갓 딴 미역을 본 사람은 "갈색!"이라고 답할지도 모르겠네요. 둘 다 정답이에요. 갓 채취한 미역은 짙은 갈색이고 요리하면서 열이 닿은 미역은 선명한 초록색이랍니다.

그런데 왜 열이 닿으면 미역의 색깔이 변할까요? 바로 미역 속에 있는 색소의 색 변화에 비밀이 있답니다. 원래 미역에는 '클로로필'(엽록소)이라는 녹색 색소와 '푸코크산틴'(갈조소)이라는 갈색 색소가 들어 있어요. 미역이 살아 있을 때는 2개의 색소가 섞여서 우리 눈에는 짙은 갈색으로 보이지요. 그런데 갈색의 색소는 열에 잘 분해돼요. 따라서 뜨거운 된장국에 넣거나 뜨거운 물에 데치면 열에 강한 녹색의 색소 때문에 선명한 녹색으로 보인답니다. 한편, 요리 실험에서 썼던 미역은 한 번 삶아서 말린 것이라 실험에서 열에 닿지 않았어도 녹색으로 보이는 것이랍니다.

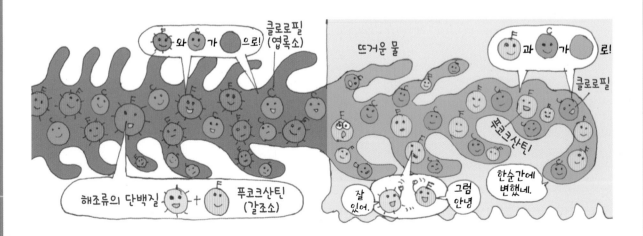

2장

딱딱하거나 부드러운 음식의 비밀

쫄깃쫄깃, 사르르, 몽글몽글, 딱딱…. 어떤 음식은 입에 넣자마자 녹고, 어떤 음식은 꼭꼭 씹어야 삼킬 수 있습니다. 음식의 질감은 물, 녹말, 젤라틴 같은 재료의 특성에 따라 달라져요. 때로는 다른 재료와 만나 변하기도 하지요. 원리를 잘 기억해 두었다가 완성한 요리를 천천히 맛보면서 어떤 재료가 어떤 맛을 만들어 냈는지 기록해 보세요. 그러면 솜씨 있는 요리사는 물론이고 훌륭한 음식 평론가가 될 수 있을지도 몰라요.

요리에 숨은 과학 원리를 찾아라!

음식은 맛뿐만 아니라 영양소도 중요해요. 여러 가지 음식을 골고루 먹어야 균형 있게 영양소를 섭취할 수 있지요. 여러분이 만드는 요리에는 어떤 영양소가 들어 있는지 미리 알아보세요. 굵은 글씨를 중심으로 천천히 소리 내어 읽어 보세요. 여러분의 머릿속에 개념이 쏙쏙 들어올 거예요.

● 우리 몸에 필요한 3대 영양소에는 **탄수화물**, **단백질**, **지방**이 있어요. 그중에서도 탄수화물은 밥과 빵, 사탕, 녹말 등에 들어 있습니다. **탄수화물**은 온몸의 세포를 움직이는 중요한 영양소입니다. 특히 뇌는 탄수화물을 이루는 포도당만 에너지로 사용하는데, 우리가 하루에 사용하는 포도당의 반 이상을 쓴답니다.

● 고기와 달걀, 우유에 들어 있는 **단백질**은 근육, 뼈, 피부를 만드는 데 필요하답니다. 여러분처럼 몸이 계속 자라나는 어린이에게 특히 중요하지요. 단백질은 여러 종류의 아미노산이 모여 만들어요.

● 살이 찌는 주요 원인으로 지목되는 **지방**은 튀김이나 빵, 고기, 기름에 많이 들어 있어요. 그래서 이런 음식들을 피하라고 하고, 지방을 쓸모없게 여기기도 하지요. 하지만 지방은 뇌의 65퍼센트를 구성하는 아주 중요한 영양소입니다. 몸의 열을 유지해 주고, 영양소 중 열량이 가장 높아 몸에서 힘을 내는 데 필요해요. 단, 지나치게 먹으면 비만이 될 수 있고, 혈관에 쌓여 피가 흐르는 것을 방해하므로 적당히 먹는 게 좋아요.

실험을 마친 후 다음을 설명해 보세요.

☐ 콜라겐　　☐ 녹는점　　☐ 두유를 굳히는 3가지 방법

사과 푸딩

교과서 5학년 1학기 3단원 식물의 구조와 기능 심화, 4학년 1학기 2단원 식물의 한살이 ┃ 핵심 용어 녹말, 감자, 분자

 녹말에 주스를 부으면 점점 걸쭉해져요. 이것을 데우면 어떻게 될까요?

🛒 **준비** 녹말 50g, 사과 주스 300mL, 설탕 1큰술, 얼음물 1컵, 숟가락

녹말의 원료는 감자예요. 어떻게 감자로 녹말을 만들까요? 집에서도 만들 수 있을까요?

섞었을 때 색 변화를 잘 관찰해 봅시다!

1 녹말, 사과 주스, 설탕을 내열 그릇에 담고 섞어요.

2 600W의 전자레인지로 1분간 데운 후 숟가락으로 3회 반복하여 섞어요.

3 반투명해지면 숟가락으로 큼직하게 떠서 얼음물에 넣어 식혀요.

참고 사항
☑ 전자레인지에서 꺼낼 때는 주방 장갑을 쓰면 뜨겁지 않아요.
☑ 젖은 숟가락을 이용하면 떠내기 쉬워요.

녹말이 주스의 수분을 흡수해 불었어요. 녹말에는 식었을 때 서로 들러붙지 않는 성질도 있답니다.

어떻게 해서 말캉말캉한 식감이 될까요?

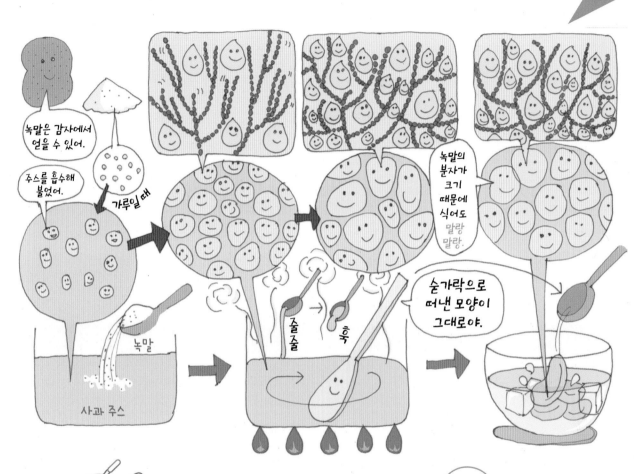

녹말은 감자에서 얻을 수 있어.

주스를 흡수해 불었어.

가루일 때

녹말의 분자가 크기 때문에 식어도 말랑말랑.

녹말

숟가락으로 떠낸 모양이 그대로야.

줄줄

훅

사과 주스

내가 좋아하는 맛에 도전!

★ 포도

★ 오렌지

포도 주스로 푸딩을 만들어 우유를 부어 먹어도 맛있어요.

오렌지 주스로 푸딩을 만들어 메이플 시럽을 뿌려 먹으면 정말 환상적인 맛이랍니다.

요구르트로 만들어도 맛있을까?

부엌에 있는 하얀 가루들 이야기

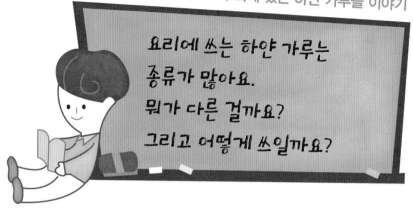

요리에 쓰는 하얀 가루는
종류가 많아요.
뭐가 다른 걸까요?
그리고 어떻게 쓰일까요?

마트에서 밀가루가 있는 선반을 찾아봅시다. 여러 가지 하얀 가루가 있지요? 밀가루만 해도 박력분과 중력분, 강력분이 있고 녹말도 있으며 옥수수 가루, 찹쌀가루, 멥쌀가루도 있을 거예요. 이렇게 다양하지만 겉모습은 모두 하얀색 가루랍니다. 그럼, 무엇이 다를까요? 바로 원료와 쓰임새가 다릅니다.

우선, 사과 푸딩에도 쓰인 '녹말'은 정제된 가루입니다. 녹말은 재료를 갈아 체에 밭치고 앙금을 가라앉혀서 만듭니다. 그리고 재료에 따라 녹두 녹말, 생강 녹말, 율무 녹말 등 종류가 다양합니다. 최근에는 주로 감자로 만들고 있지요. 생감자를 잘랐을 때 칼에 하얀 가루가 묻는데, 바로 이것이 녹말이에요. 녹말은 열에 닿으면 풀처럼 끈적끈적해지기 때문에 요리에 넣어 국물을 걸쭉하게 만들거나 조리 과정에서 고기 고유의 맛이 사라지지 않게 할 때도 쓰이고 있어요.

'밀가루'의 원료는 밀이에요. 주성분은 녹말이지만 함께 들어 있는 단백질의 양이 많은 순서에 따라 강력분, 중력분, 박력분으로 나뉘지요. 물을 첨가해서 반죽하면 탄력이 생기기 때문에 빵과 과자의 반죽과 면을 만들 때 써요.

'찹쌀가루'는 찹쌀, '멥쌀가루'는 멥쌀로 만들어요. 둘 다 주로 떡을 만들 때 쓰지요.

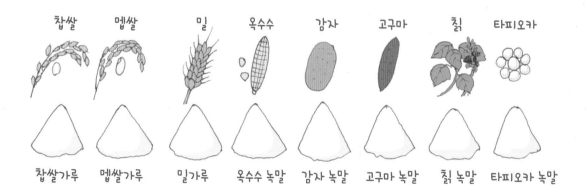

찹쌀	멥쌀	밀	옥수수	감자	고구마	칡	타피오카
찹쌀가루	멥쌀가루	밀가루	옥수수 녹말	감자 녹말	고구마 녹말	칡 녹말	타피오카 녹말

달콤달콤 초코 바나나

 초코 바나나를 먹어 봤나요? 집에서도 쉽게 만들 수 있답니다. 함께 만들어 볼까요?

준비 납작한 초콜릿 2개, 바나나 1개, 꼬챙이, 토핑

초콜릿과 껌은 기름과 친해요. 그래서 기름하고 같이 씹으면 껌이 녹아 버린답니다.

49

만들어 볼까요?

초콜릿을 부드럽게 녹여 바나나에 묻힙시다!

1 판 모양 초콜릿 2개를 잘게 잘라 내열 용기에 담고 600W의 전자레인지로 2분간 녹여요.

2 꼬치를 꽂아서 냉동실에서 30분 이상 얼린 바나나에 초콜릿을 묻혀요.

3 초콜릿 위에 토핑을 해서 꾸며요.

참고 사항

☑ 녹은 초콜릿에 바나나를 담그고 빙그르르 돌려서 묻혀요.

☑ 초콜릿이 부드럽게 녹았을 때 바나나에 묻혀요.

초콜릿은 입안의 체온에서 녹도록 만들어졌어요. 그래서 대개 33℃보다 낮으면 굳지요.

왜 초콜릿은 녹기도 하고 굳기도 할까요?

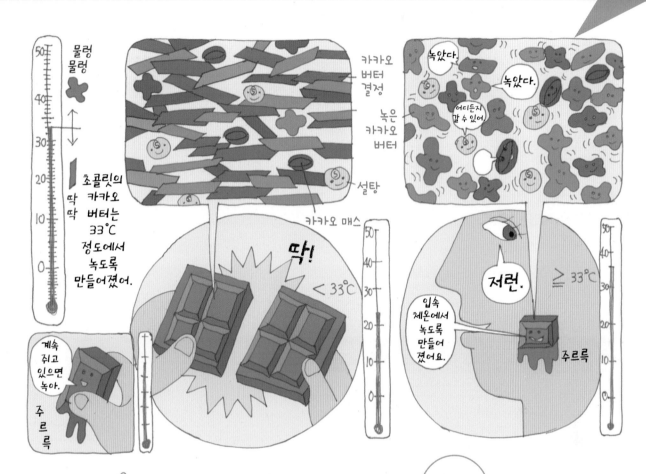

물렁물렁

↕

딱딱

초콜릿의 카카오 버터는 33℃ 정도에서 녹도록 만들어졌어.

카카오 버터 결정

녹은 카카오 버터

설탕

카카오 매스

딱!

< 33℃

계속 쥐고 있으면 녹아.

주르륵

녹았다.

녹았다.

어디든지 갈 수 있어.

저런.

≧ 33℃

입속 체온에서 녹도록 만들어졌어요.

주르륵

내가 좋아하는 맛에 도전!

★ 딸기

★ 키위

화이트 초콜릿을 녹여서 딸기에 묻히면 보기에도 귀여워요.

키위와 초콜릿도 잘 어울리는 조합이랍니다. 마무리로 토핑을 뿌려요.

고체였던 초콜릿이 녹아 액체 상태로 변하는 온도를 녹는점이라고 해.

화이트 초콜릿이 하얀 이유는 뭘까요?

같은 카카오 콩으로 만드는 초콜릿인데 색이 하얗다니, 신기하지요?

모두들 너무나 좋아하는 초콜릿의 원료는 주로 중남미에서 재배되는 카카오예요. 카카오 콩을 볶아서 간 분말(카카오 매스)에 설탕과 우유, 카카오 콩에 들어 있는 지방(카카오 버터) 등을 넣어 반죽한 후 굳힌 것이죠.

초콜릿의 역사는 아주 길어요. 기원전 2,000년경에 중앙아메리카에서 카카오 재배가 시작되었는데 당시에는 약으로 귀하게 여겼어요. 15세기가 되어 카카오가 유럽에 전해졌고, 유럽 사람들은 카카오의 쓴맛을 없애기 위해 설탕을 첨가했답니다. 처음에는 달콤하고 맛있는 음료로 크게 유행하다가 19세기가 되자 지금처럼 고형의 초콜릿이 만들어졌어요.

다양한 초콜릿 종류를 살펴볼까요? 초콜릿 전문점에 가 보면 한눈에 보이듯이, 초콜릿에는 여러 종류가 있어요. 우유가 들어가지 않고 카카오 매스가 40~60%나 들어간 다크 초콜릿, 우유가 듬뿍 들어간 밀크 초콜릿, 그리고 화이트 초콜릿이 있어요.

같은 초콜릿인데도 화이트 초콜릿이 갈색이 아닌 까닭은 갈색의 카카오 매스를 쓰지 않고 유백색의 카카오 버터를 쓰기 때문이랍니다.

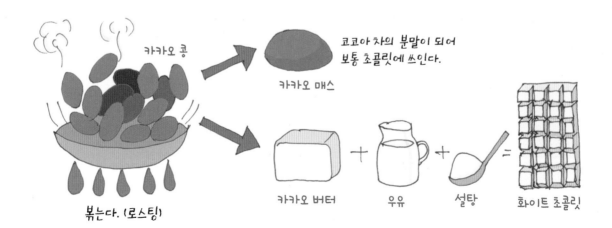

카카오 콩

카카오 매스

코코아 차의 분말이 되어 보통 초콜릿에 쓰인다.

볶는다. (로스팅)

카카오 버터 + 우유 + 설탕 = 화이트 초콜릿

 두유에 '간수'라는 천연 식품첨가물을 넣어 보세요. 자, 어떻게 되었나요?

🛒준비 무첨가 두유, 간수(또는 소금물) 1.5작은술, 내열 용기, 랩

옛날에는 두부를 바닷물로 굳혔 답니다. 바닷물은 어떤 맛이 날까요?

만들어 볼까요?

으흠! 두유가 정말로 굳을까요?

1 무첨가 두유 1컵과 간수 1.5작은술을 내열용기에 넣고 잘 저어요.

2 랩을 씌워 600W의 전자 레인지에서 1분 30초 동안 데워요.

3 전자레인지에서 꺼낸 뒤에 15분간 가만히 두면 완성!

참고 사항

☑ 전자레인지에서 꺼낼 때는 주방 장갑을 써요.

☑ 전자레인지에서 꺼낸 뒤 굳었는지 확인해요.

두유에 바다에서 온 간수를 넣으면 굳어요. 그런데 스포츠 드링크의 분말을 넣어도 굳는답니다.

왜 그럴까요?

간수의 역할을 살펴볼까요?

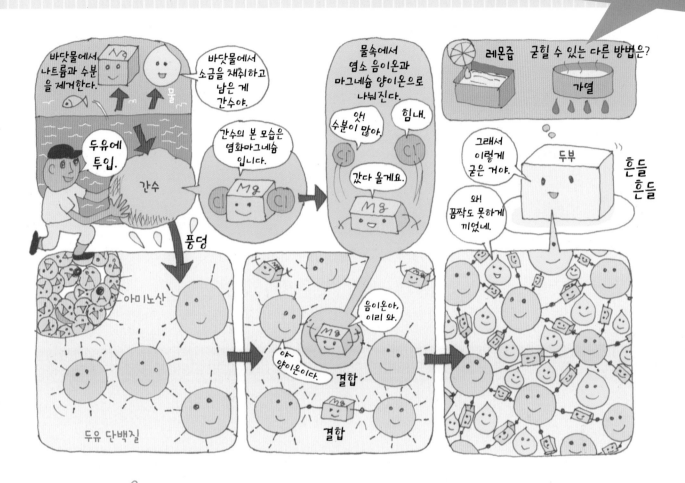

바닷물에서 나트륨과 수분을 제거한다.

바닷물에서 소금을 채취하고 남은 게 간수야.

물속에서 염소 음이온과 마그네슘 양이온으로 나눠진다.

레몬즙   굳힐 수 있는 다른 방법은?

가열

두유에 투입.

간수

간수의 본 모습은 염화마그네슘입니다.

앗! 수분이 많아.

힘내.

갔다 올게요.

그래서 이렇게 굳은 거야.

두부

흔들흔들

와! 꼼짝도 못하게 끼었네.

풍덩

아미노산

음이온아, 이리 와.

두유 단백질

야~ 양이온이다.

결합

결합

간수의 양에 변화를 줘요!

★ 2배 그리고 ½배

왼쪽 컵은 간수 양을 보통의 2배로 늘려 넣은 것이고, 반대로 오른쪽 컵은 간수 양을 절반으로 줄인 것입니다. 간수의 양이 많을수록 빠르고 단단하게 굳지만 그렇다고 못 먹을 만큼 굳지는 않아요. 단지 간수의 짠맛이 너무 강해서 먹기 불편했어요.

간수를 늘려도 괜찮을까?

스포츠 음료로도 두부를 만들 수 있어요?

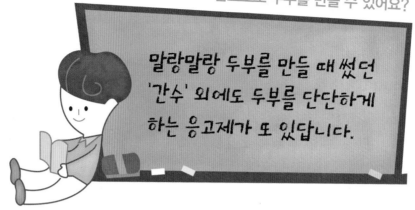

말랑말랑 두부를 만들 때 썼던 '간수' 외에도 두부를 단단하게 하는 응고제가 또 있답니다.

두부는 대두를 꽉 짜면 나오는 두유에 들어 있는 단백질이 이온 상태의 칼슘과 마그네슘과 만나면서 응고하는 성질을 이용해 만들어요. 두부를 만들 때 쓰이는 응고제로는 탄산칼슘, 염화마그네슘(간수), 글루코노델타락톤, 염화칼슘 등의 식품첨가물이 있어요. 식품첨가물에는 저마다 특징이 있기 때문에 두부 제조업자는 만들고 싶은 두부의 종류에 따라 단독으로 혹은 혼합해서 써요. 실험에서 두부를 만들 때 썼던 '간수'는 옛날부터 쓰던 전통적인 방법이에요. 대두 본래의 단맛을 풍부하게 해 준답니다.

　한편 두부는 단백질과 이온 상태의 물질이 만나면서 만들어진다고 했는데, '이온'이라는 말을 다른 곳에서 들어 본 것 같지 않나요? 네, 운동 후에 마시는 스포츠 음료를 '이온 음료'라고 하는 광고에서 들어 봤지요? 스포츠 음료에는 마그네슘, 나트륨, 칼륨 등이 이온 상태로 녹아 있어요. 그래서 스포츠 음료로도 두부를 만들 수 있다고 해요. 단지 음료만으로는 이온 성분이 너무 약하기 때문에 가능하면 분말 형태의 이온으로 실험을 해야 하지요. 이온 음료로 두부를 만들고 나서 비교 관찰을 해 보세요. '간수'를 사용한 두부와 비교할 때 이온 음료로 만든 두부는 어떻게 굳는지, 또 맛에는 어떤 차이가 있는지 말이에요.

연유 아이스크림

 냉동실을 쓰지 않고 아이스크림을 만들 수 있다는데, 정말일까요? 어떻게 만들까요?

 준비 튜브에 들어 있는 가당연유 $\frac{1}{2}$컵, 우유 $\frac{1}{2}$컵, 식용 색소, 얼음, 소금 적당량, 면포, 비닐백

소금과 얼음, 주스로 아이스바도 만들 수 있어요.

만들어 볼까요?

소금을 듬~뿍 친 얼음으로 잘 감싸고 흔들어요

1 가당연유, 우유, 식용 색소를 비닐백에 넣어요.

2 비닐백을 가볍게 쥐고 주무르며 재료를 잘 섞어요.

3 커다란 면포로 얼음, 소금, 비닐백을 잘 감싸고 내용물이 딱딱해질 때까지 흔들며 섞어요.

참고 사항
- ☑ 가당연유와 우유를 비닐백에 넣고 식용 색소도 조금 넣어요.
- ☑ 소금을 듬뿍 친 얼음으로 감싸요.

얼음의 온도는 보통 0°C인데 소금을 듬뿍 뿌리면 0°C 이하로 내려갑니다. 그래서 아이스크림을 만들 수 있는 것이죠.

왜 그럴까요?

어떻게 아이스크림이 만들어진 걸까?

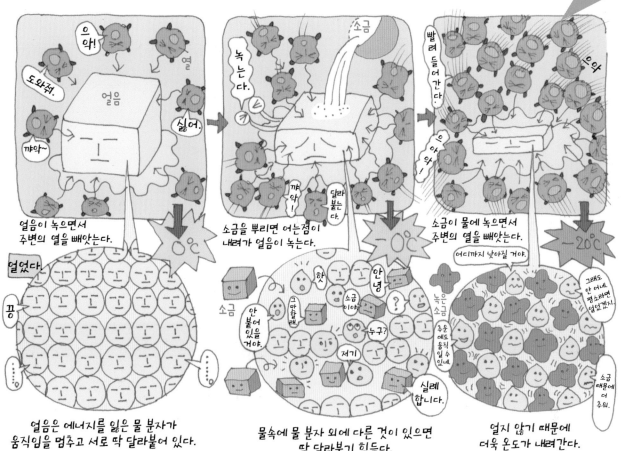

얼음이 녹으면서 주변의 열을 빼앗는다.

얼음은 에너지를 잃은 물 분자가 움직임을 멈추고 서로 딱 달라붙어 있다.

소금을 뿌리면 어는점이 내려가 얼음이 녹는다.

물속에 물 분자 외에 다른 것이 있으면 딱 달라붙기 힘들다.

소금이 물에 녹으면서 주변의 열을 빼앗는다.

얼지 않기 때문에 더욱 온도가 내려간다.

내가 좋아하는 색으로 변신!

★ 초록색

황색과 청색 색소를 조금씩 섞으면 초록색이 됩니다.

★ 황색

황색 색소만 섞으면 레몬 아이스크림처럼 되지요.

벌레에서 추출하는 색소도 있대!

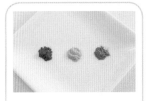

색을 내는 색소는 먹어도 된답니다.

59

연유를 발명한 아저씨들 이야기

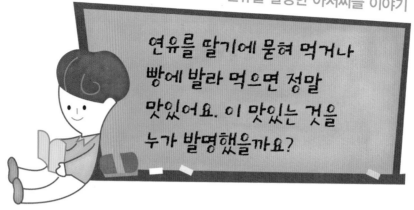

연유를 딸기에 묻혀 먹거나 빵에 발라 먹으면 정말 맛있어요. 이 맛있는 것을 누가 발명했을까요?

단맛이 나는 가당연유. 이름에 '가당'이라는 글자가 들어가는 것을 보고 눈치채셨나요? 우유에 설탕을 넣고 졸인 것이랍니다.

   손에 묻으면 끈적끈적한 이유는 많은 양의 설탕이 들어 있기 때문이죠. 제조사에 따라 다르긴 하지만, 설탕이 전체 우유 양의 절반 이상이랍니다. 설탕이 많이 들어가면 균의 번식을 막을 수 있기 때문에 장기간 보존도 가능하답니다. 또한 통조림이나 튜브에 든 연유는 개봉하지 않았다면 냉장고에 넣지 않고 상온에서 보관할 수 있어요.

   한편, 이렇게 단맛 나는 연유는 19세기에 살았던 세 명의 아저씨 덕분에 만들어졌어요. 1922년, 프랑스인인 니콜라스 알파드 씨가 '우유를 농축하면 어떨까?' 하고 생각했어요. 하지만 우유를 끓이는 온도가 높아서 탄내가 나곤 했대요. 그로부터 10년 후인 1835년경에 영국의 윌리엄 뉴튼 씨가 '조금 낮은 온도로 우유를 끓이면 어떨까?' 하고 생각했어요. 하지만 이 생각을 실천한 아저씨는 미국인인 게일 보든 씨였답니다. 보든 씨는 마침내 성공해서 1856년에 특허권까지 소유해 회사를 만들었어요.

게일 보든 주니어

압력솥으로 농축했지.

보든 연유

런던에서 미국으로 돌아가는 배 안에서 아이가 병에 걸린 소의 젖을 먹고 사망한 일이 있었어. 그래서 우유의 맛을 유지하면서도 안심하고 먹을 수 있도록 하려면 어떻게 해야 할까 하고 궁리했지.
   결국 나는 세균이 늘어나지 않고 달게 만드는 방법을 찾았어.

고소한 생크림버터

 뚜껑 있는 병에 생크림을 넣고 흔들어요. 자, 어떻게 되었나요?

준비 생크림(될 수 있으면 유지방 함유가 높은 것), 잘게 자른 파슬리 적당량, 뚜껑이 있는 빈 병.

식물성 생크림은 버터가 되지 않아요.

61

만들어 볼까요?

소리가 변하면, 다 만들어졌다는 신호예요

1 지방이 많이 든 생크림을 뚜껑이 있는 병에 부어요.

2 생크림이 덩어리와 맑은 물로 분리될 때까지 계속 흔들어요.

3 완성된 버터에 파슬리를 섞어요.

참고 사항

☑ 흔들흔들 흔들기만 해도 굳으면서 점성이 생깁니다.
☑ 파슬리는 잘게 잘라서 넣고 섞어요.

생크림을 흔들면 생크림 속에 있는 기름과 기름이 서로 달라붙어 굳고 결국 버터가 돼요.

어떻게 해서 버터가 만들어진 거지?

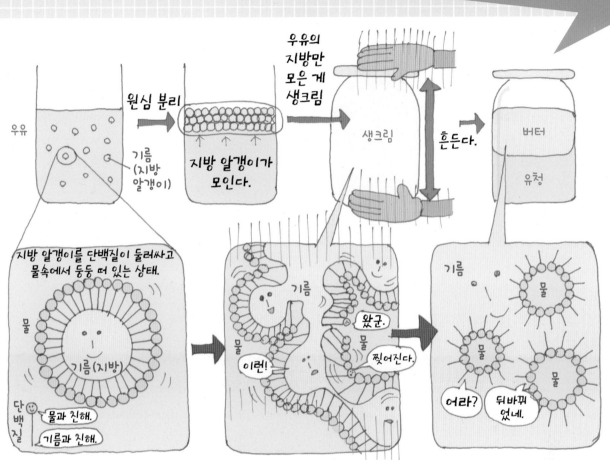

우유

원심 분리

기름 (지방 알갱이)

지방 알갱이가 모인다.

우유의 지방만 모은 게 생크림

생크림

흔든다.

버터

유청

지방 알갱이를 단백질이 둘러싸고 물속에서 둥둥 떠 있는 상태.

물

기름(지방)

단백질

물과 친해.

기름과 친해.

기름

이런!

물

왔군.

물

찢어진다.

기름

물

물

물

어라?

뒤바뀌었네.

진동 때문에 지방 알갱이를 둘러싼 단백질의 막이 깨져서 지방 알갱이(기름)가 서로 달라붙는다.

내가 좋아하는 맛으로 변신!

★ 흰참깨

★ 검은깨와 소금

흰참깨를 적당히 넣고 섞으면 고소한 버터가 만들어져요.

검은깨와 소금을 적당히 넣고 섞으면 짭조름하고 맛있는 버터가 돼요.

버터가 어떻게 만들어지는지 알았어!

우유, 너 참 대단하다!

치즈, 버터, 요구르트…
전부 우유로 만든답니다.

우유에는 단백질, 지질, 탄수화물, 미네랄, 비타민 등의 영양소가 골고루 듬뿍 들었어요. 학교 급식에 우유가 꼭 나오는 것도, 여러분의 어머니가 "키 크려면 우유를 먹어야지."라고 하시는 것도 우유가 완전식품에 가까운 좋은 식품이기 때문이지요.

사람이 소, 염소, 양 등의 동물 젖을 먹기 시작한 것은 까마득히 먼 옛날, 즉 약 1만 년 전부터예요. 고대 메소포타미아 사람들이 염소나 양을 먹기 위해 가축으로 키우다가 젖을 이용한 것이 시초라고 해요.

동물의 젖으로 만든 '유제품'은 치즈와 버터, 요구르트 등 종류도 다양해요. 유제품도 기원전 8,000~2,000년경부터 만들어졌어요. 장기간 보관할 수 있다는 장점뿐만 아니라 우유에 독특한 맛과 영양이 있기 때문에 지금까지도 사랑받고 있지요.

참고로, 사람만이 다른 동물의 젖을 먹어요. 그런데 정말로 영양과 건강 면에서, 계속 먹어도 괜찮은지 좀 걱정된다는 얘기도 있긴 해요. 하지만 걱정된다고 해서 우유는 물론이고 치즈, 버터, 요구르트와 아이스크림을 먹지 않을 수 있을까요? 생각만 해도 끔찍할 만큼 우유는 이미 우리 생활에 깊숙이 자리 잡고 있답니다.

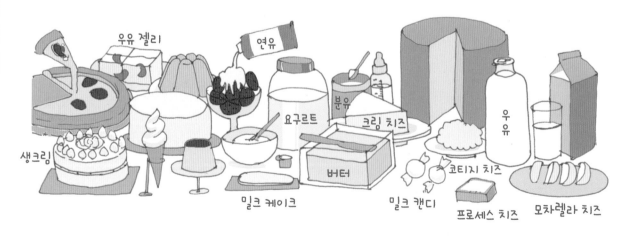

우유 젤리 / 연유 / 요구르트 / 크림 치즈 / 우유 / 생크림 / 밀크 케이크 / 버터 / 밀크 캔디 / 코티지 치즈 / 프로세스 치즈 / 모차렐라 치즈 / 분유

코티지 치즈

 우유에 레몬즙을 넣어 볼까요? 이걸로 뭘 만들까 궁금하지요?

준비 우유 1컵, 레몬즙(레몬 $\frac{1}{2}$개 분량), 면포

레몬즙의 양을 다르게 하면
어떻게 될까요?

반죽에 공기를 집어넣듯이 위아래로 섞어요

1 우유에 레몬즙을 넣고 숟가락으로 잘 섞어요.

2 그대로 잠시 두면 우유가 몽글몽글 덩어리지기 때문에 면포를 이용해서 걸러요.

3 물기를 짜면 코티지 치즈가 완성돼요.

참고 사항

☑ 잘 살펴보면 우유가 몽글몽글 덩어리진 것을 볼 수 있어요.

☑ 면포에 싸서 잘 짜야 해요.

우유에 레몬을 넣으면 레몬의 산 때문에 우유 속의 성분이 엉깁니다.

왜 그럴까요?

치즈가 어떻게 된 걸까요?

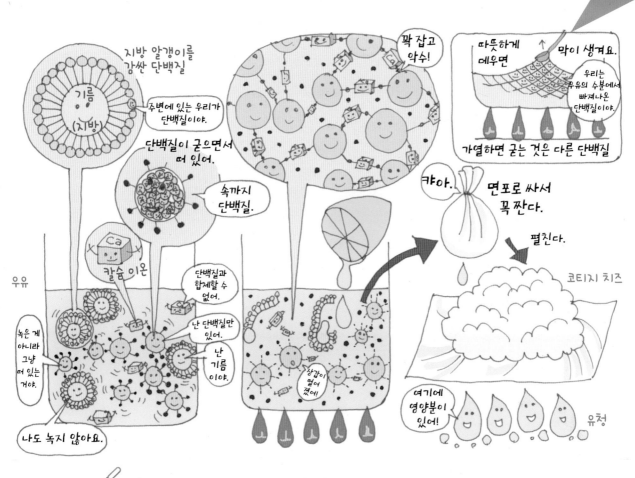

지방 알갱이를 감싼 단백질

기름 (지방)

주변에 있는 우리가 단백질이야.

단백질이 굳으면서 떠 있어.

속까지 단백질.

칼슘 이온

단백질과 합체할 수 없어.

난 단백질만 있어.

난 기름이야.

우유

녹은 게 아니라 그냥 떠 있는 거야.

나도 녹지 않아요.

장갑이 떨어졌어!

팍 잡고 악수!

따뜻하게 데우면

막이 생겨요.

우리는 우유의 수분에서 빠져나온 단백질이야.

가열하면 굳는 것은 다른 단백질

캬아.

면포로 싸서 꼭 짠다.

펼친다.

코티지 치즈

여기에 영양분이 있어!

유청

내가 좋아하는 맛으로 변신!

★ 유청   ★ 라씨

코티지 치즈가 완성된 뒤 남은 액체를 '유청'이라고 해요.

우유에 레몬즙을 아주 조금 넣으면 라씨 같은 음료가 돼요.

우유에서 색깔이 쏙 빠진 것 같아!

재미있는 치즈 이야기

그대로 먹거나 요리에 넣어도 맛있는 치즈, 어떤 종류가 있을까요?

우리는 치즈를 그냥 먹거나 토스트 위에 올려서, 아니면 피자 위에 올려 구워 먹기도 해요. 치즈 케이크를 만들 때 빠지면 안 되는 재료도 바로 치즈지요. 치즈는 소나 양 젖에 단백질을 굳히는 응고제를 넣어서 만드는데, 숙성과 곰팡이 종류에 따라 다양한 치즈를 만들 수 있어요.

치즈의 종류는 크게 나눠도 자그마치 여덟 가지나 돼요. 자연 치즈는 프레시 치즈(코티지 치즈가 바로 이것이죠.), 흰곰팡이 치즈, 푸른곰팡이 치즈, 워시 치즈, 쉐브르 치즈, 세미하드 치즈, 하드 치즈, 마지막으로 여러 종류의 가공 치즈를 섞고 가공해서 만드는 가공 치즈가 있어요.

우리에게 가장 익숙한 치즈인 가공 치즈는 가열·가공을 하면서 치즈에 들어 있는 유산균과 곰팡이 등이 죽기 때문에 깊은 숙성은 일어나지 않아요. 하지만 맛이 일정하고 보존성이 뛰어나다는 장점이 있답니다.

쉐브르 치즈는 염소젖으로 만드는 치즈예요. 부드럽지만 염소젖 특유의 강한 풍미가 있어서 익숙하지 않은 사람이 먹기에는 좀 힘들답니다. 하지만 일단 익숙해지면 손을 뗄 수 없을 만큼 맛있다고 해요. 쉐브르 치즈는 소젖으로 만드는 치즈보다 훨씬 오래전부터 만들었다고 합니다.

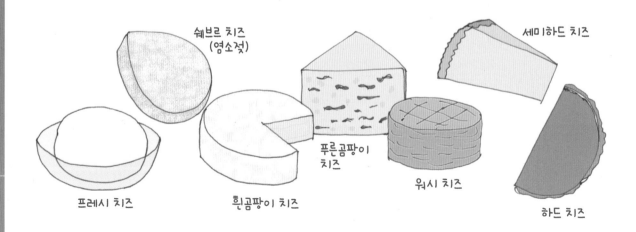

쉐브르 치즈
(염소젖)

세미하드 치즈

푸른곰팡이
치즈

프레시 치즈

흰곰팡이 치즈

워시 치즈

하드 치즈

 탱글탱글 **과일 젤리**

교과서 4학년 1학기 4단원 혼합물의 분리, 5학년 1학기 4단원 용해와 용액 | **핵심 용어** 젤리, 젤라틴, 콜라겐, 단백질

오렌지 주스가 구미로 변신했어요! 음, 탱글탱글해서 씹는 맛이 최고야!

🛒 **준비** 오렌지 주스 2컵, 설탕 2큰술, 젤라틴 10g, 숟가락, 모양 틀 또는 작은 컵

주스를 굳히는 젤라틴은 무엇으로 만들었을까요?

만들어 볼까요?

내 맘에 쏙 드는 모양 틀로 만듭시다!

1 오렌지 주스, 설탕을 숟가락으로 잘 섞고 600W의 전자레인지로 2분간 데웁니다.

2 녹인 젤라틴을 넣고 잘 섞어요.

3 잘 섞은 액체를 모양 틀에 부어요. 모양 틀 대신 작은 컵에 담아도 돼요.

참고 사항

☑ 전자레인지에서 꺼낼 때는 주방 장갑을 써요.

☑ 모양 틀에 넣은 후 냉장고에서 차갑게 식혀요.

젤라틴에 물을 넣고 열을 가한
뒤 식히면 굳어요. 탱글탱글한
식감이 젤라틴의 특징입니다.

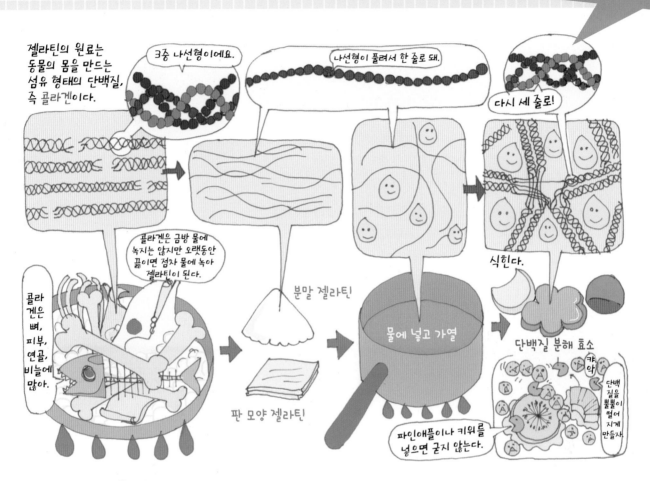

젤라틴의 원료는 동물의 몸을 만드는 섬유 형태의 단백질, 즉 콜라겐이다.

3중 나선형이에요.

나선형이 풀려서 한 줄로 돼.

다시 세 줄로!

콜라겐은 금방 물에 녹지는 않지만 오랫동안 끓이면 점차 물에 녹아 젤라틴이 된다.

식힌다.

콜라겐은 뼈, 피부, 연골, 비늘에 많아.

분말 젤라틴

판 모양 젤라틴

물에 넣고 가열

단백질 분해 효소

캬아

단백질을 뿔뿔이 떨어지게 만들자.

파인애플이나 키위를 넣으면 굳지 않는다.

내가 좋아하는 맛으로 변신!

★ 유산균 음료

유산균 음료에는 이미 설탕이
들어 있기 때문에 같은 양의 물
을 넣기만 하면 OK.

★ 토마토

토마토 주스로 만들면 달콤새
콤해서 맛있어요.

젤라틴 양에
변화를 주면
어떻게 될까?

과자를 만들 때 쓰는 '응고제'

젤라틴, 아가, 한천은
각각 어떤 특징이 있을까요?

젤리나 푸딩, 무스 같은 차가운 디저트는 표면이 매끄럽고 탱글탱글한 식감이 핵심이에요. 이 식감을 만들 때 반드시 필요한 것이 '젤라틴', '아가', '한천' 같은 응고제랍니다. 세 가지 다 굳히는 성질이 있지만 각각 특징이 있어요. 그래서 만들고 싶은 디저트에 따라 골라 쓰면 된답니다.

'젤라틴'의 원료는 소나 돼지의 뼈, 피부 등에 포함된 콜라겐(단백질의 일종)이에요. 탱글탱글한 식감이고 체온 정도의 온도에서 녹기 때문에 입속에서도 잘 녹지요. 또한 거품이 꺼지지 않게 하기 때문에 무스나 마시멜로처럼 폭신폭신한 식감을 낼 수도 있어요. 그래서 젤라틴은 젤리와 푸딩, 무스 등에 쓰인답니다.

'아가'의 원료는 해조류와 콩 종류의 추출물을 섞은 거예요. 젤라틴과 한천의 중간 성질을 갖고 있지요. 젤리나 푸딩, 부드러운 양갱을 만들 때 써요. 세 종류의 응고제 중에서 가장 투명하기 때문에 식재료의 맑은 색을 살려서 만들고 싶을 때 많이 쓴답니다.

'한천'의 원료는 해조류예요. 세 종류의 응고제 중에서 가장 치밀하게 굳고 탱탱한 식감을 갖고 있으며 양갱이나 묵을 만들 때 써요. 식이섬유가 풍부하고 칼로리도 낮기 때문에 다이어트 식품으로 인기가 많답니다.

젤라틴
사르르
젤리, 푸딩, 무스 등

아가
탱글탱글
젤리, 푸딩, 부드러운 양갱 등

한천
탱탱
양갱, 묵 등

꼬마 채소 젤리

교과서 4학년 2학기 2단원 물의 상태 변화, 5학년 1학기 4단원 용해와 용액 | 핵심 용어 젤라틴, 콜라겐

 냄비에 고기를 뼈째 넣고 보글보글 끓여 볼까요? 자, 무엇이 만들어졌나요?

준비 닭날개 4개, 물 500mL, 청주 1큰술, 소금 1작은술, 셀러리 적당량, 찐 옥수수 알 조금, 완두콩 조금, 냄비

젤리의 원료는 닭고기나 생선으로 만들어집니다.

만들어 볼까요?

닭고기 국물은 왜 굳을까요?

1 닭날개, 물, 소금, 청주, 셀러리를 냄비에 한
꺼번에 넣고 푹 끓인 국물을 그릇에 부어요.

2 옥수수, 완두콩 등을 넣은 그릇에 국물을 붓
고, 식으면 냉장고에 넣어 굳혀요.

참고
사항

☑ 닭날개, 물, 소금, 청주, 셀러리를 냄비에 한꺼번에 넣고 끓여 잡냄새를 잡아요.

☑ 굳으면 그릇을 기울여도 쏟아지지 않아요.

젤라틴의 주요 성분은 동물의 몸에 들어 있는 콜라겐입니다. 젤라틴이 굳는 모습은 71쪽을 보세요.

왜 그럴까요?
국물을 굳히는 젤라틴을 아세요?

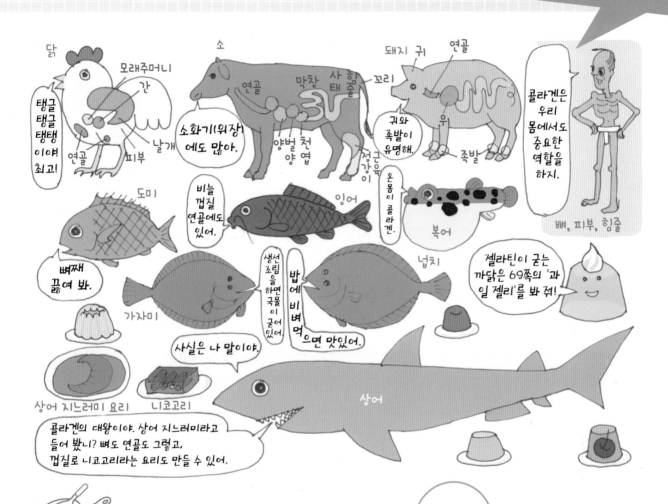

닭

탱글탱글 탱탱이야! 최고!

모래주머니

간

연골

피부

날개

소

소화기(위장)에도 많아.

연골

막창

사향태

힘줄

꼬리

양벌천엽

정강이

돼지 귀

연골

귀와 족발이 유명해.

위

족발

근육

온몸이 콜라겐.

콜라겐은 우리 몸에서도 중요한 역할을 하지.

뼈, 피부, 힘줄

도미

뼈째 끓여 봐.

비늘 껍질 연골에도 있어.

잉어

복어

넙치

생선 조림을 하면 국물이 굳어 있어.

밥에 비벼 먹으면 맛있어.

젤라틴이 굳는 까닭은 69쪽의 '과일 젤리'를 봐 줘!

가자미

사실은 나 말이야.

상어 지느러미 요리

니코고리

상어

콜라겐의 대왕이야. 상어 지느러미라고 들어 봤니? 뼈도 연골도 그렇고, 껍질로 니코고리라는 요리도 만들 수 있어.

다른 식재료의 국물도 식히면 굳을까요?

★ 생선 조림

간장, 설탕, 술, 맛술 등을 넣고 생선을 끓인 후 그대로 두면, 국물 속에 녹은 젤라틴 때문에 국물이 푸딩처럼 굳어요. 이 성질을 이용해 만드는 요리가 니코고리인데 정말 맛있습니다!

소의 발이나 꼬리 따위를 고아서 굳히고 얇게 썬 음식은 족편이라고 해.

75

피부가 탱탱! 콜라겐 이야기

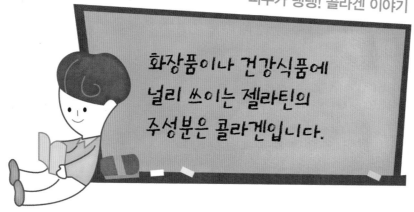

화장품이나 건강식품에 널리 쓰이는 젤라틴의 주성분은 콜라겐입니다.

꼬마 채소 젤리를 굳힌 것은 동물의 가죽, 연골 등을 구성하는 젤라틴이에요. 젤라틴의 주성분은 콜라겐이라고 하는 단백질인데 뼈나 연골, 피부는 물론 혈관과 내장 등 온몸에 존재하며 신체 세포를 서로 연결하는 일도 하지요. 예를 들면, 피부에 있는 콜라겐은 살갗을 촉촉하게 보호하고 탱탱하게 탄력을 주고요. 무릎과 팔꿈치에 있는 콜라겐은 굽히거나 뻗는 일을 하는 관절의 부담을 줄여 준답니다.

나이가 들수록 콜라겐이 줄어들기 때문에 피부에 주름이 늘어나거나 무릎 관절이 아플 수 있어요. 그 때문에 콜라겐이 들어간 의약품도 많고, 화장품이나 건강식품은 인기가 많습니다.

하지만 입으로 먹거나 피부에 발라서 흡수되는 콜라겐이 정말로 효과가 있는지는 안타깝게도 아직 증명되지 않았답니다. 맑고 환한 피부와 튼튼한 관절을 원한다면 콜라겐에 매달리지 말고 여러 다양한 식품을 균형 있게 먹는 편이 훨씬 좋지 않을까요?

다양한 니코고리 종류 : 젤라틴 성질을 활용한 요리
생선을 끓이면 젤라틴으로 변하고, 차게 식히면 묵처럼 변한다!

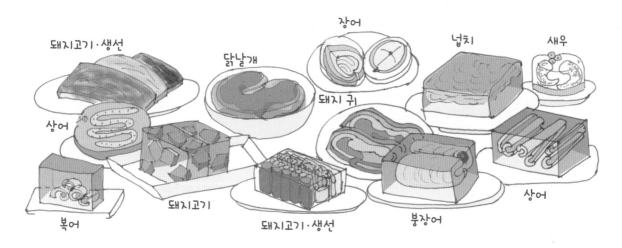

장어

돼지고기·생선   닭날개   넙치   새우

돼지 귀

상어

복어   돼지고기   돼지고기·생선   붕장어   상어

3장

알록달록 색깔이 변하는 특별한 만남

물감의 빨강과 노랑, 파랑과 노랑이 만나면 각각 주황색과 초록색으로 변합니다. 음식 재료도 마찬가지입니다. 하나일 때와 달리 둘이 만나면 색이 변한답니다. 예를 들어 만나는 재료의 성질이 산성이냐, 염기성이냐에 따라 색이 달라지고요. 열을 가하거나 산소와 만나면 특정한 반응을 일으켜 붉은색, 갈색, 노란색 등으로 변하기도 합니다. 음식 재료들이 요리 과정에서 어떤 색으로 변하는지 관찰해 보고, 특정한 반응들의 이름은 무엇인지 배워 보세요.

요리에 숨은 과학 원리를 찾아라!

요리에 쓰이는 재료에는 저마다 독특한 성질이 있어요. 재료를 이해하면 요리를 하면서 익힐 수 있는 새로운 개념이 무궁무진하답니다. 무엇을 새로 배울지 미리 알아보세요. 굵은 글씨를 중심으로 천천히 소리 내어 읽어 보세요. 여러분의 머릿속에 개념이 쏙쏙 들어올 거예요.

- 우리 주변에 있는 물, 비눗물, 레몬즙 등의 액체는 산성의 정도에 따라 산성, 중성, 염기성으로 나뉘어요. 산성이나 염기성의 정도를 나타내는 수치인 pH가 7이면 **중성**, 그보다 작으면 **산성**, 그보다 높으면 **염기성** 또는 **알칼리성**이라고 합니다. 물은 중성이랍니다. 레몬즙은 pH가 2 정도로 산성이지요.

- 산도를 측정하기 위해서 과학실험을 할 때는 **지시약 시험지**에 액체를 떨어뜨리고 색의 변화를 관찰한답니다. 자주색 양파 또는 자주색 양배추를 활용해 지시약 시험지를 만들 수도 있는데 재료 자체의 색 변화로도 산성인지 염기성인지 알아낼 수 있어요.

- 자주색 양파와 자주색 양배추에는 **안토시아닌**이라는 물질이 들어 있어요. 산성에서는 붉은빛을 내고, 염기성에서는 푸른빛을 냅니다.

실험을 마친 후 다음을 설명해 보세요.

☐ 갈변 현상   ☐ 메일라드 반응   ☐ 캐러멜화 반응   ☐ 아스타크산틴

블루 멜로 허브티

 색이 고운 푸른색 차에 레몬을 넣었더니 신기하게도 색이 변해요!

준비 블루 멜로 허브티 적당량, 레몬 적당량(얇게 잘라 준비),
따뜻한 물 2컵

산성인 레몬을 넣으면 색이 변한답니다. 그렇다면 염기성을 넣으면 어떻게 될까요?

 만들어 볼까요?

색이 어떻게 변하는지 관찰합시다!

1 따뜻한 물 2컵에 블루 멜로 허브를 넣은 뒤 그중 하나에 레몬을 넣어요.

2 레몬을 넣은 차의 색깔이 점점 보라색으로 변해요.

3 파란색이 점점 보라색에서 분홍색으로 변해요.

참고 사항
✔ 파란색 허브 차에 레몬을 넣으면 보라색에서 분홍색으로 변해요.
✔ 점점 변하는 색을 관찰해 보세요.

블루 멜로 허브에 들어 있는 안토시아닌에 신맛의 레몬이 닿으면 산성이 되기 때문에 색이 붉게 변해요.

레몬을 넣으면 왜 색이 변할까요?

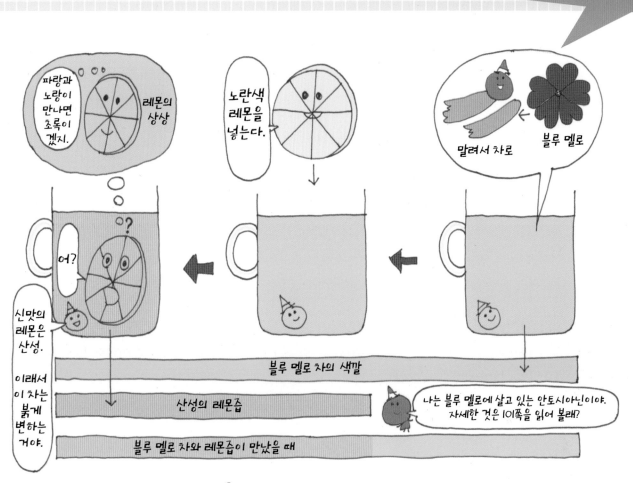

파랑과 노랑이 만나면 초록이 겠지.

레몬의 상상

노란색 레몬을 넣는다.

말려서 차로

블루 멜로

어?

?

신맛의 레몬은 산성. 이래서 이 차는 붉게 변하는 거야.

블루 멜로 차의 색깔

산성의 레몬즙

블루 멜로 차와 레몬즙이 만났을 때

나는 블루 멜로에 살고 있는 안토시아닌이야. 자세한 것은 10쪽을 읽어 볼래?

내가 좋아하는 맛으로 변신!

와, 예쁘다. 도넛과 함께 잘 먹겠습니다아~

81

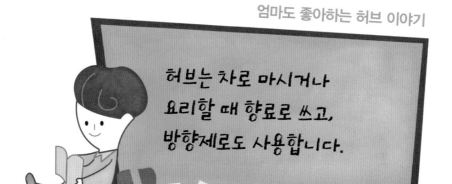

엄마도 좋아하는 허브 이야기

허브는 차로 마시거나 요리할 때 향료로 쓰고, 방향제로도 사용합니다.

허브의 뜻을 한마디로 정의하긴 힘들어요. 일반적으로 허브란 향료의 일종으로 차나 요리, 방향제 등에 쓰이는 식물의 잎이나 줄기를 말해요.

옛날 유럽에서는 몸과 마음을 활기차게 하고 싶을 때나 휴식을 취하고 싶을 때 허브의 향기를 맡거나 허브 자체의 효능을 이용했어요. 약처럼 의료용으로 썼다는 말이지요.

허브의 종류는 많습니다. 그만큼 향기도 다양하고 효능도 다르지요. 예를 들자면, 라벤더와 캐모마일은 긴장을 풀어 주는 효과가 있고 민트에는 상쾌한 기분으로 바꿔 주는 효과가 있어요. 식욕을 불러일으키는 효과가 있는 파슬리는 요리의 장식으로도 많이 쓰이지요.

좀 쉽게 이용하고 싶다고요? 가게에서 팔고 있는 허브티나 허브에서 뽑은 오일(에센셜 오일)을 써 볼까요? 에센셜 오일에 베이스 오일을 넣어 연하게 희석해서 몸에 바르거나, 목욕을 할 때 몇 방울 떨어뜨려 써 봐요. 또는 아로마 포트를 써서 향기가 공기 중으로 퍼지게 해 봐요.

밤에 잠이 잘 안 오면 라벤더나 일랑일랑 같은, 마음을 침착하게 하고 진정시키는 효과가 있는 허브 에센셜 오일을 목욕물에 한 방울 떨어뜨려 쓰거나 발 마사지를 하면 쿨쿨 잠을 잘 잘 수 있다고 해요.

라벤더

치즈 버거

 잘게 다지거나 간 고기를 잘 반죽해서 햄버거를 만들 거예요. 꼭 익혀 먹어야겠지요?

🛒 **준비** 다진 고기 100g, 소금 약간, 밀가루 1큰술, 햄버거용 빵, 슬라이스 치즈, 양상추 적당량, 케첩 적당량, 프라이팬, 뒤집개

흰 밀가루로 쿠키를 구우면 갈색으로 변하는 것을 메일라드 반응이라고 한대요.

햄버거 고기의 색깔 변화와 냄새에 주목!

1 간 고기에 밀가루와 소금을 넣어 반죽한 덩어리를 납작한 모양으로 만들어 프라이팬에 잘 익혀요.

2 고기를 노릇하게 구웠으면 햄버거용 빵도 프라이팬에 살짝 구워요.

3 빵에 양상추, 치즈, 햄버거 고기를 올린 뒤 남은 빵으로 덮어요.

참고 사항
- ✔ 햄버거 고기의 한쪽이 익으면 뒤집어서 반대쪽도 익혀요.
- ✔ 케첩을 좋아하면 듬뿍 뿌려서 먹어요.

설탕을 가열하면 캐러멜화 반응(89쪽)이 일어나 갈색으로 변합니다. 고기도 불에 구우면 갈색으로 변해요. 고기 속의 아미노산과 당이 일으키는 메일라드 반응 때문이랍니다.

맛있어 보이는 색깔과 냄새의 비밀은?

설탕을 가열하면 캐러멜화 반응(89쪽)

고기의 단백질은

아미노산이 모인 거야.

아미노산과 당을 함께 가열하면 메일라드 반응이 일어나 맛있어라 신인 멜라노이딘이 짠! 나타나셔.

좋은 냄새.

맛있어 보이는 색.

우하하

식욕을 당기는 맛.

아미노산 + 당

짜 잔

지글

150℃~

150℃

메일라드 반응과 캐러멜화 반응 덕분에 음식이 더 맛있어지는 거야!

치즈 버거의 치즈가 녹아.

당 캐러멜화 반응! 쓰으 자당 캐러멜화 반응!

치즈의 아미노산이야.

예

따끈 따끈

뜨거워.

녹았다.

주욱~

따끈 따끈

따끈 따끈

따끈 따끈

식빵에 그림을 그려 볼까?

★ 레몬즙

★ 쿠킹 포일

식빵에 레몬즙으로 그림을 그린 뒤에 구우면 그 부분이 구워지지 않아서 그림이 나타나요.

쿠킹 포일을 식빵 위에 올려놓고 구우면 그 부분만 구워지지 않아서 그림이 나타나요.

메일라드 반응이 일어나지 않는 것을 이용했어요!

탄 음식은 몸에 안 좋을까요?

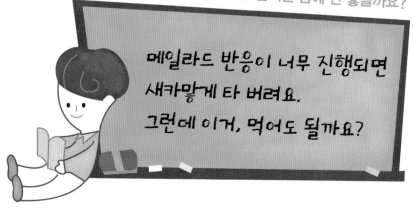

메일라드 반응이 너무 진행되면
새카맣게 타 버려요.
그런데 이거, 먹어도 될까요?

노릇노릇 잘 구워진 빵. 밥솥 밑에 생긴 구수한 누룽지. 직화로 먹음직스럽게 잘 구워진 고기와 생선. 생각만 해도 군침이 꼴깍! 겉이 조금 타도 그냥 먹는 사람이 많을 거예요.

그런데 탄 것을 먹으면 암에 걸린다는 말, 들어 본 적이 있나요?

고기나 생선에 있는 동물성 단백질이 타면 발암성 물질을 만든다는 건 사실이랍니다. 하지만 크게 걱정하지 않아도 돼요. 생쥐 동물 실험으로 알아낸 건데, 발암성 물질은 탄 음식을 매일매일 많이 계속 먹지 않는 한 암에 걸리지 않을 정도의 아주아주 적은 양이래요. 즉, 일상적인 식생활을 하는 한 그리 걱정하지 않아도 된다는 말이지요.

그래도 될 수 있으면 너무 탄 것은 먹지 않는 것이 좋아요. 그리고 맛있는 고기와 생선을 태워서 탄 맛으로 먹으면 아까우니까 조심하자고요. 항상 불 조절을 신경 씁시다.

요리할 때는 잠시라도 한눈을 팔지 않도록 하고, 불조심 하세요.

루이 카미유 메일라드

1912년 루이 카미유 메일라드가 메일라드 반응을 발견했습니다.

메일라드 반응은 아직 완벽히 밝혀지지 않았습니다.
자, 여러분의 도전을 기다립니다.

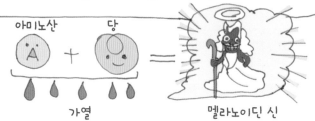

아미노산   당

가열   멜라노이딘 신

견과류 사탕

 설탕을 듬뿍 넣어 걸쭉하게 끓이면 어떻게 될까요?

준비 설탕 1컵, 물 3큰술, 견과류 적당량, 냄비

설탕물과 달리, 소금물은 오래 끓여도 색이 어둡게 변하지 않고 점성도 생기지 않아요.

색 변화가 빨리 오니까 집중해야 해요!

1 냄비에 설탕과 물을 넣고 중불에서 끓여요.

2 색이 변하고 점성이 생기면 불을 꺼요.

3 모양 틀에 붓고 식혀요.

참고 사항

☑ 거품이 올라오고 색이 변하면서 점성이 생기면 타지 않도록 불을 꺼요.

☑ 견과류를 넣고 모양 틀에 부은 후 식혀요.

설탕을 끓이면 갈색으로 변해요. 이것을 캐러멜화 반응이라고 해요. 온도에 따라 색, 굳기, 향이 달라집니다.

왜 그럴까요?
설탕물은 온도에 따라 색과 굳기가 제각각!

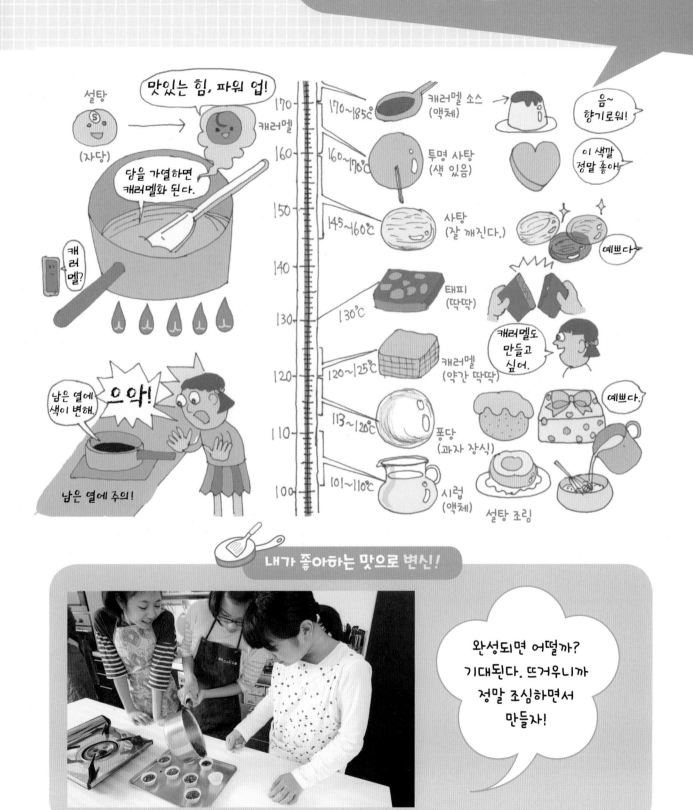

조청은 설탕으로 만들지 않았다고요?!

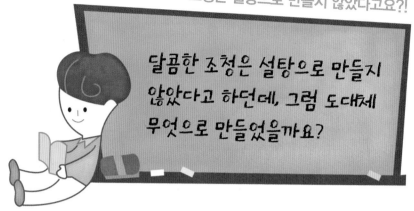

달콤한 조청은 설탕으로 만들지 않았다고 하던데, 그럼 도대체 무엇으로 만들었을까요?

우리는 앞에서 많은 양의 설탕을 냄비에 뭉근하게 끓이면서 사탕을 만들었어요. 그래서 달콤한 조청도 설탕을 많이 넣고 만들었을 것이라 생각하지요? 하지만 그렇지 않아요. 조청에는 설탕이 한 알갱이도 들어가지 않는답니다.

밥을 꼭꼭 씹으면 입안에서 밥맛이 점점 달짝지근해지는 것을 경험해 본 적 있을 거예요. 바로 밥 안에 들어 있는 녹말이 침에 있는 당화 효소(아밀라아제)에 의해 단맛이 나는 물질로 바뀌기 때문이지요. 조청을 만드는 원리도 이와 같아요. 조청의 원료는 쌀이나 감자, 고구마 등에 있는 녹말이에요. 이 녹말에 맥아 같은 당화 효소를 넣어서 충분한 시간이 지나면 단맛이 나는 물질로 바뀌어요, 이때 면포에 넣어 꼭 짜서 나오는 당액을 뭉근하게 끓이면 끈적끈적한 점성이 있는 맛있는 조청이 된답니다.

우리나라에 설탕이 들어오지 않았을 때 조청은 단맛을 내는 아주 귀한 감미료였어요. 지금도 설탕 대신 조청을 쓰는 전통 과자가 많이 있지요. 또한 천연 먹거리를 중시하는 사람들은 조청을 설탕 대신 단맛을 내는 감미료로 쓰고 있답니다. 최근에는 해외에서도 수요가 늘었다고 해요. 다이어트에 설탕보다 좋기 때문이라네요.

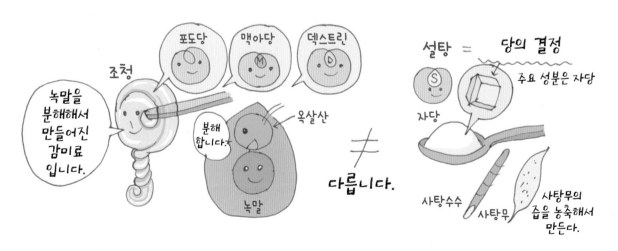

새우 칵테일

 새우는 빨간색일까요, 아니면 회색일까요? 혹시 앞뒤 색이 다른 걸까요?

  작은 크기의 새우 6~10개, 허브 적당량(장식용), 컵

새우는 알코올에 넣어도 색이 빨갛게 변한답니다.

만들어 볼까요?

새우를 데쳤더니 색이 변했나요?

1 준비한 새우를 껍질째 뜨거운 물에 데쳐요. 왼쪽이 생새우이고 오른쪽이 데친 새우입니다.

2 먹기 편하게 껍질을 벗깁니다.

3 겉은 빨갛고 속은 하얗게 잘 익었어요. 준비한 허브와 함께 컵에 보기 좋게 담아 보세요.

참고 사항
- ✓ 데치면 껍질뿐만이 아니라 껍질이 닿는 속까지 빨갛게 변해요.
- ✓ 케첩과 마요네즈를 같은 양으로 섞어서 소스를 만들어 함께 먹으면 더욱 맛있어요.

새우를 가열하면 껍질 색이 변해요.
아스타크산틴이라는 빨간 성분이 겉
으로 드러나 보이기 때문이에요.

새우를 데치면 왜 빨갛게 변할까요?

아스타크산틴

숨어야 해!

잡아 먹히겠어.

새우 몸속에서 검은색으로 있기 때문에 보이지 않는다.

아스타크산틴 + 단백질 = 검다

이런 색

아스타크산틴

잘 가~

가열하면 분리된다.

뜨거우니까 헤어지자.

단백질

몸통

우리도 아스타크산틴 친구!

게

쓰윽

껍질   몸통

연어

자른 면

알

아스타크산틴은 새우 등이 먹는 식물에서 온다!

아스타크산틴은 피를 맑게 한대.

맛있어

게를 데치면 어떻게 될까요?

게, 새우는 처음부터 빨간색이라고 생각 했는데….

익히지 않은 생게는 생새우처럼 어두운 색이지만 뜨거운 물에 데
치면 빨갛게 변합니다. 새우처럼 게에도 아스타크산틴이라는 색
소가 들어 있기 때문이지요.

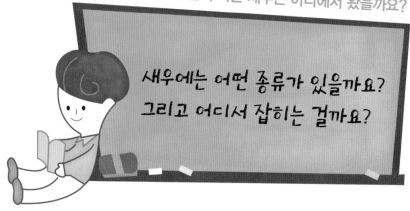

모두가 즐겨 먹는 새우는 어디에서 왔을까요?

새우에는 어떤 종류가 있을까요?
그리고 어디서 잡히는 걸까요?

종류가 다양한 새우 중에서 제일 먼저 대하를 소개할게요. 대하는 몸통이 큰 대형 새우로, 가을에서 초겨울까지가 제철이에요. 소금구이로 많이 해 먹는 고급 새우예요.

주로 튀김에 쓰이는 새우는 보리새우예요. 쫄깃하고 진한 단맛이 일품이죠. 국에 넣거나 볶아서도 먹어요. 보리새우와 닮았지만 색깔이 조금 어둡고 육질도 약간 단단한 것이 블랙타이거랍니다. 동남아시아의 베트남 등지에서 대규모로 양식되고 있어요.

작달막한 몸집에 가격도 비교적 싸서 일반 가정의 식탁에 자주 오르는 것이 중하예요. 시장에 나오는 것들은 우리나라와 일본, 중국 등지에서 잡혀요.

그리고 생으로 먹어도 맛있고 젓갈로도 많이 담그는 쌀새우가 있어요. 종류가 참 많지요? 여러분이 먹어 본 새우는 어떤 건가요?

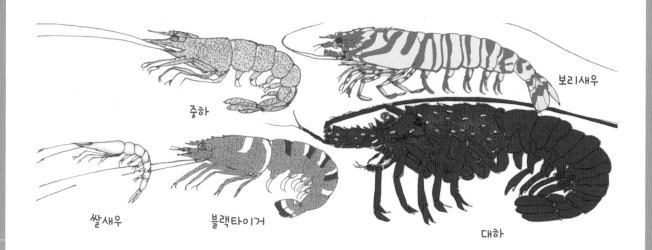

중하

보리새우

쌀새우

블랙타이거

대하

과일 샐러드

교과서 5학년 2학기 2단원 산과 염기 심화 | 핵심 용어 산화, 갈변

 디저트로도 먹을 수 있는 과일 샐러드를 깔끔하고 먹음직스럽게 만들어 볼까요?

준비 사과 1개, 바나나 1개, 키위 1개, 마요네즈 2큰술, 요구르트 2큰술, 블루베리 적당량, 레몬즙 적당량

과일을 익히면 변색되지 않아요. 하지만 이것 말고 다른 방법은 뭐가 있을까요?

만들어 볼까요?

자른 과일이 갈색으로 변했어요! 아, 이런. 어떡하지요?

1 과일을 잘라 비교하니 자른 지 30분 지난 과일(오른쪽)이 갈색으로 변했어요.

2 마요네즈와 요구르트를 같은 양으로 섞어서 소스를 만들어요.

3 과일에 소스를 넣어 버무려요.

참고 사항

☑ 과일을 자른 뒤 레몬즙을 뿌리면 과일의 변색을 막을 수 있어요.

☑ 마지막에 블루베리를 흩뿌려 장식해요.

과일 속 폴리페놀 때문에 사과가 산소와 만나면 갈색으로 변한답니다. 그러나 레몬의 산이 갈변을 막아 주지요.

과일에 레몬즙을 뿌리면 변색되지 않는다고요?

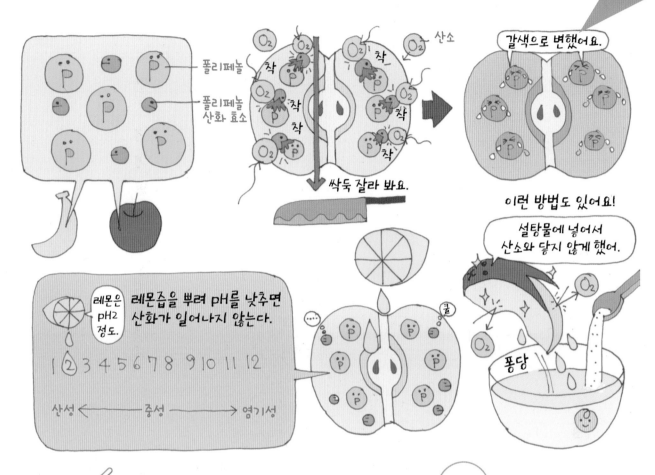

폴리페놀

폴리페놀 산화 효소

O₂ 산소

착

싹둑 잘라 봐요.

갈색으로 변했어요.

이런 방법도 있어요!

설탕물에 넣어서 산소와 닿지 않게 했어.

레몬은 pH2 정도.

레몬즙을 뿌려 pH를 낮추면 산화가 일어나지 않는다.

1 ② 3 4 5 6 7 8 9 10 11 12

산성 ←——— 중성 ———→ 염기성

쿨

O₂

퐁당

변색을 막을 다른 방법은 없을까요?

소금물에도, 설탕물에도 다 되는구나!

자른 사과입니다. 왼쪽은 아무 것도 하지 않은 것, 오른쪽은 소금물을 뿌린 것이에요.

자른 사과입니다. 왼쪽은 아무 것도 하지 않은 것, 오른쪽은 설탕물을 뿌린 것이에요.

채소와 과일의 구분

딸기는 과일인가요?
채소인가요?

채소와 과일의 구분은 정말 쉽지 않답니다. 솔직히 말하자면, 확실한 정의도 없어요. 무엇을 채소라고 할지 과일이라고 할지는 나라마다 달라요. 생산·유통·소비의 각 단계에서도 다르게 구분합니다.

보통, 생산지에서는 논밭에서 재배되는 것과 나무가 되지 않고 해마다 다시 심어야 하는 일년생 식물을 '채소'라고 합니다. 반면 2년 이상 재배하는 초본 식물이나 목본 식물(나무)에 맺히는 열매를 '과일'이라고 하고요.

이 방법으로 나눠 본다면, 사과와 바나나, 버찌는 과일이지만, 밭에서 따는 딸기와 멜론, 수박은 과일이 아닙니다. 실제로 시장에서는 딸기와 멜론, 수박을 채소로 취급하기도 합니다.

하지만 동네 과일 가게나 슈퍼마켓에서는 딸기와 멜론을 과일로 팔고 있지요. 우리 소비자 입장에서 밥반찬으로 만들어 먹는 것은 채소라 하고, 간식이나 디저트로 먹는 것은 과일로 하면 될 것 같지 않나요? 그런데 말이죠. 최근에는 샐러드에 과일을 넣거나 채소로 만든 디저트도 있는 만큼 구별하는 일이 쉽지는 않아요.

 붉은 양파를 더 선명하고 예쁜 색으로 바꾸어 초밥을 만들어 봐요.

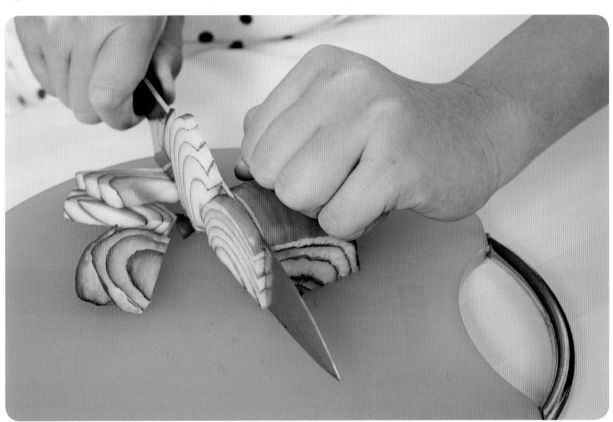

🛒 준비　붉은 양파 적당량, 초밥용 식초(또는 식초, 설탕, 소금을 3:2:1 비율로 섞어 준비) 적당량, 옥수수, 파래김, 밥 1공기

실곤약에 강황이나 카레 가루를 뿌려도 색이 변해요.

만들어 볼까요?

식초를 넣으면 정말로 색이 변할까요?

1 붉은 양파를 얇게 자르고 초밥용 식초에 담가요.

2 한 시간 정도 지나면 선명한 분홍색으로 변해요.

3 식초에 담갔던 양파와 밥, 옥수수, 파래김 등을 넣고 잘 섞어요.

참고 사항

☑ 초밥초는 초밥용 식초예요.

☑ 밥에 섞어서 색이 예쁜 초밥을 만들어요.

자주색 양파는 산성이 되면 분홍색이 되고, 염기성이 되면 녹색이 됩니다. 식초와 레몬즙은 산성을 띤답니다.

식초를 넣으면 왜 선명한 분홍색이 될까요?

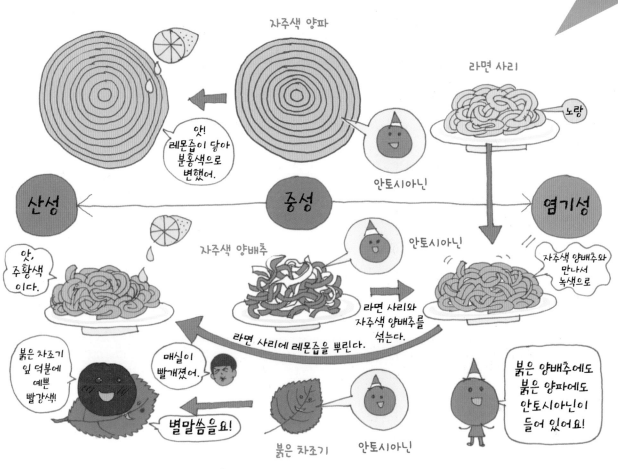

자주색 양파

앗! 레몬즙이 닿아 분홍색으로 변했어.

라면 사리

노랑

안토시아닌

산성 ← 중성 → 염기성

앗, 주황색 이다.

자주색 양배추

안토시아닌

자주색 양배추와 만나서 녹색으로

붉은 차조기 잎 덕분에 예쁜 빨강색!

매실이 빨개졌어.

라면 사리에 레몬즙을 뿌린다.

라면 사리와 자주색 양배추를 섞는다.

별말씀을요!

붉은 차조기

안토시아닌

붉은 양배추에도 붉은 양파에도 안토시아닌이 들어 있어요!

내가 좋아하는 맛으로 변신!

★ 붉은 양배추 3색 볶음 국수

① 라면 사리는 염기성이라 자주색 양배추와 반응하면 녹색이 됩니다.

② ①에 분말 소스 한 봉지를 넣으면 면은 소스의 색이 되고요.

③ ②에 식초 2큰술을 넣으면 붉게 변해요.

양파를 자르면 왜 눈물이 날까요?

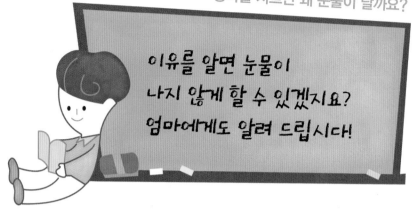

이유를 알면 눈물이 나지 않게 할 수 있겠지요? 엄마에게도 알려 드립시다!

부엌에서 엄마가 양파를 썰면서 '눈이 맵다'고 하거나 눈물을 흘리는 모습을 본 적 있을 거예요. 양파와 대파 같은 '파' 종류를 자르면 눈물이 나오는데 왜 그럴까요?

바로 양파 속에 '비밀의 캡슐'이 들어 있기 때문이에요. 칼로 양파를 자르는 순간 '비밀의 캡슐'이 톡 터지면서 안에 있던 성분이 공기 중으로 확 퍼져 나와 눈, 코, 입의 점막을 자극하기 때문에 눈물이 나오는 거랍니다. 이 '비밀 캡슐'의 이름은 '황화아릴'이에요.

그럼 눈물이 나오지 않게 하려면 어떻게 해야 할까요? 고글이나 안경으로 직접 '황화아릴'의 자극을 막아도 좋고, 코와 입을 보호하기 위해서는 마스크를 착용하는 것도 좋아요.

이 밖에 '황화아릴'의 증발을 가능한 한 처음부터 막는 방법도 있어요. '황화아릴'은 온도가 높을수록 쉽게 증발하기 때문에 양파를 조리하기 전에 냉장고에 넣어 차갑게 해 두면 효과가 있답니다. 또, '황화아릴'이 물에 잘 녹는 성질을 이용하는 방법도 있어요. 양파를 반으로 자르고 흐르는 물에 헹구는 것이죠. '황화아릴'이 공기 중으로 증발하기 전에 물에 녹이는 작전이랍니다. 이제 엄마가 부엌에서 양파 때문에 눈물을 흘리신다면 "이런 방법을 써 보세요." 하고 말씀드릴 수 있겠지요?

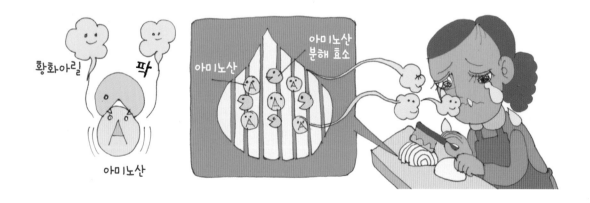

황화아릴 / 팍 / 아미노산 / 아미노산 / 아미노산 분해 효소

색이 예쁜 홍차

 홍차에 레몬과 벌꿀을 넣어 보세요. 자, 어떻게 만들어졌나요?

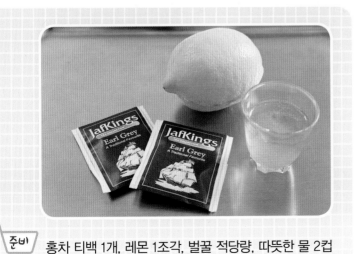

준비 홍차 티백 1개, 레몬 1조각, 벌꿀 적당량, 따뜻한 물 2컵

철분이 들어 있는 건강보조제를 가루 내서 홍차에 넣어도 색이 변할지 실험해 보세요.

홍차에 레몬과 벌꿀을 넣으면 어떻게 될까요?

1 따뜻한 물 2컵에 홍차를 우려내고, 그중 한 컵에 레몬을 넣어서 레몬티를 만들어요. 색이 연해졌어요.

2 레몬을 넣었던 오른쪽 홍차에 벌꿀을 넣으니 색이 진해졌어요.

참고 사항

☑ 레몬을 얇게 잘라 준비해요.

☑ 홍차에 무엇을 넣느냐에 따라 색깔이 변해요.

홍차에 들어 있는 폴리페놀(테아루비긴 등)에 레몬의 산이 들어가면 색이 연해지고, 벌꿀의 철분이 들어가면 색이 진해집니다.

왜 그럴까요?

홍차에 무엇을 넣느냐에 따라 왜 색이 변할까요?

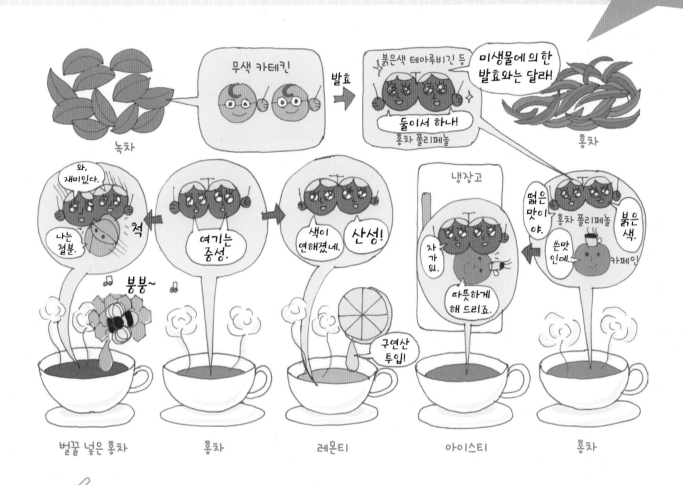

홍차에 레몬즙을 넣으면 왜 색깔이 변할까요?

★ 아이스티

홍차에 레몬즙을 넣어 보세요. 양을 늘려 가며 넣으면 홍차의 색이 점점 옅어지다가 결국은 없어집니다. 레몬즙에는 신맛을 내는 구연산이 있거든요. 홍차의 붉은색을 나타내는 테아루비긴 같은 색소들이 레몬의 구연산과 결합해 색이 옅어진답니다.

홍차도 내가 좋아하는 색으로 만들 수 있어!

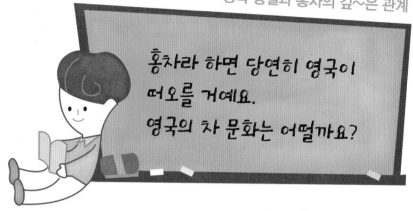

영국 왕실과 홍차의 깊~은 관계

홍차라 하면 당연히 영국이 떠오를 거예요. 영국의 차 문화는 어떨까요?

'차나무'는 원래 중국, 티베트, 미얀마의 산악지대가 고향이라고 해요. 중국에서는 아주 오랜 옛날부터 잎을 따서 차로 마셔 왔어요. 중국차와 홍차는 같은 잎으로 만들지만 산화 발효한 것이 홍차입니다. 언제부터 홍차가 생겼는지는 확실하지 않아요.

유럽에 차가 전해진 것은 300여 년 전인 17세기로, 당시 우리나라는 조선 시대였어요. 처음에는 음료가 아니라 만병통치약으로 귀하게 다루었어요. 그러던 중 1662년 포르투갈에서 영국 왕실로 시집온 캐서린 공주가 중국의 찻잎을 가지고 왔고, 이후 차를 마시는 습관이 영국 귀족들 사이에서 유행하기 시작했답니다. 시간이 흘러 18세기 중반, 아침에 차와 함께 다과를 나누는 것이 상류층 부인들 사이에서 유행했어요. 빅토리아 여왕이 재위 중이던 1837년에는 여왕이 차 마시는 습관을 국민들에게 장려하기도 했고요. 이를 계기로 일반 계층에도 차를 마시는 습관이 퍼졌답니다.

참고로, 영국의 애프터눈 티(오후의 다과회) 문화는 1840년대에 제7대 베드포드 공작 부인인 안나 마리아가 처음 시작했다고 해요.

자유탐구를 위한 특별 수업

우리 주변에는 알쏭달쏭 신기한 탐구 주제들이 많아요. 스스로 탐구 주제를 찾아 실험하며 호기심을 채워 보세요. 여러분이 궁금하게 생각하던 현상이 재미있는 과학 상식으로 바뀌어 머릿속에 쏙쏙 들어올 거예요.

1 탐구 주제를
쉽게 찾는 방법

1 집 안에도 탐구 주제가 가득해요

자유탐구 주제는 부엌에도 목욕탕에도 발코니에도 한가득 있답니다. 집 안에서 '어?' 하고 마음에 드는 것이 있다면 그것이 바로 탐구 주제가 될 수 있습니다. 저녁 식사 때 샐러드를 먹다가 '양배 추와 양상추는 어떻게 다르지?'라는 생각이 든다면 그것도 훌륭한 주제예요.

2 좋아하는 것으로 시작합시다

곤충을 좋아한다면 키우면서 관찰해 보고, 조개껍데기를 좋아한다면 많이 주워 모은 뒤 어떤 종 류가 있나 하고 조사해 보세요. 과자를 좋아한다면 과자 만들기에 도전하고요. 한 가지를 찾아서 하다 보면 자신이 좋아하는 것, 알고 싶은 것이 꼬리에 꼬리를 물고 이어질 거예요. 좋아하는 것 으로 탐구 주제를 찾아내는 과정은 정말 재미있답니다. 꼭 해보길 바랄게요.

3 '알고 있다'가 정말로 알고 있는 걸까요?

화단이나 길가에서, 때로는 집 안에서도 발견되는 개미를 실물이나 사진을 보지 않고 그릴 수 있 나요? 모두가 매일같이 먹고 있는 달걀도 흰자와 노른자 중 어느 부분이 닭으로 크는지 알고 있 나요? 자신이 잘 알고 있다고 생각했던 것을 '정말로 잘 알고 있을까?' 하며 의심해 보는 것도 탐 구 주제를 발견하는 방법이에요.

자유탐구의 주제는 주변에 있어요.
'신기하다.' '정말 그럴까?' 의문이 든다면
그것이 바로 탐구 주제가 될 수 있어요.

❹ 실패는 기회가 됩니다

케이크 만들기에 도전했는데 케이크 빵이 잘 부풀지 않았다거나 꽃을 보려고 식물을 사 왔는데 말라죽어서 꽃 한 송이도 보지 못했다는 실패의 경험도 탐구 주제를 발견할 기회가 돼요.

'왜 그럴까?'에서 '이렇게 하면 될까?', '아니면 저렇게 해볼까?' 생각하며 좋은 방법을 궁리해 보는 것에서 자유탐구가 시작되지요.

❺ 자유탐구는 호기심에서 시작됩니다

성냥을 갖고 있으면 불을 켜 보고 싶어질 거예요. 고양이가 있으면 나도 모르게 쓰다듬거나 꼬리를 잡아당기기도 하고요. 이렇게 사람은 궁금증이 많은 '호기심 대장'이에요. 아무리 대단한 과학도 맨 처음에는 누군가의 호기심에서 출발했어요. 평소 궁금했던 것에서 주제를 발견하는 것도 하나의 방법이랍니다.

요즘 저는
생선을 먹고 남은
가시를 모아
조사하고 있어요.

잠깐 힌트 맛보지 않고 소금과 설탕을 구분하는 방법이 있을까요?

2 과학 지식을 익히는 5가지 탐구 자세

① '모르는 나'를 잘 알자

어떤 것이 '신기하다'는 생각이 들면 우선 내가 알고 있는 것은 무엇이고, 모르는 것은 무엇인지 종이에 주욱 적어 볼까요? 말하자면 '자기 관찰'을 하자는 거예요. 이것이 '첫 번째 탐구 자세'랍니다. 혼자 가만히 생각해 봅시다. 일단 배움을 시작했다면 이전의 '몰랐던 나'로는 절대로 되돌아가지 않으니까 원래부터 알고 있던 것, 궁금한 것, 생각한 것을 빠뜨리지 말고 메모해요.

② 다른 사람은 어떻게 알고 있는지 물어 보자

'자기 관찰'이 끝났다면 가까운 사람에게 "신기한 게 있는데요." 혹은 "어떻게 생각해?" 하고 물어 봅시다. 아버지, 어머니, 선생님, 친구 등 가리지 말고 누구에게나 물어 봅시다. 그러면 다른 사람들이 알고 있는 것은 무엇이고, 모르는 것은 무엇인지, 또한 주제에 관해 어떻게 생각하고 있는지 알 수 있거든요. 나와 다른 사람의 생각이 어떤 부분에서 다른지 깨닫는 것이 학습의 기초를 튼튼하게 합니다.

③ 다른 나라 사람들은 어떻게 알고 있는지 확인하자

책이나 인터넷을 이용해서 다른 나라 사람들은 어떻게 알고 있는지 확인해 볼까요? 인터넷의 정보는 잘못된 것도 많으므로 곧이곧대로 받아들이지 말고 될 수 있으면 백과사전이나 도감 등으로 재차 확인해 보는 것이 좋아요. 나중에 정리할 때 도움이 되도록 책의 제목이나 웹 사이트 주소를 메모해 둡시다.

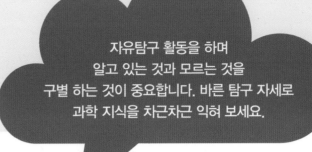

자유탐구 활동을 하며
알고 있는 것과 모르는 것을
구별 하는 것이 중요합니다. 바른 탐구 자세로
과학 지식을 차근차근 익혀 보세요.

④ 체험해 보자

주제의 종류에 따라 다르긴 하지만, 실제로 행동해 보면 좋겠어요. 행동에는 실험, 관찰, 견학, 체험 등이 있답니다. 손으로 만져 보고, 눈으로 보고, 귀로 듣고, 코로 맡아 보고, 혀로 맛보는 등 다섯 감각을 총동원해서 경험한 것은 진정한 '나의 지식'이 되거든요.

⑤ 알게 된 후의 나를 알자

스스로를 관찰하고, 다른 사람에게 물어 보고, 책이나 인터넷을 통해 조사하고, 스스로 행동한 뒤의 '나'는 이전의 나와 무엇이 다를까요? 지금의 내가 알고 있는 것은 무엇이고, 모르는 것은 무엇인지 다시 생각해 볼까요? 그러고 나서 자기 나름의 생각을 정리해요. 맨 처음에 쓴 메모를 펼쳐 보면, 자신이 무엇을 어떻게 배우고 익혀 왔는지 잘 알 수 있답니다.

'조사해 봤고
행동도 해봤지만,
잘 모르겠다.'라고
확인하는 것도
배움입니다.

잠깐 힌트 자유탐구는 자신의 변화를 알아차리는 '자기 관찰'입니다!

3 자유탐구에 필요한 준비 도구

① '기록'하기 위한 도구

자유탐구는 본 것, 들은 것, 안 것과 자신의 생각을 시간의 경과에 따라 기록하는 것이 매우 중요하므로 전용 노트를 준비합시다. 물론 연필이나 색연필도 필요해요. 탐구 주제에 따라서는 디지털 카메라나 녹음기 등도 있으면 도움이 된답니다.

② '실험'하기 위한 도구

관찰과 실험에 필요한 도구는 될 수 있으면 새것으로 사지 말고 집에 있는 것을 이용해요. 마트에서 구입한 고기나 생선 등이 담겨 있던 스티로폼 포장재, 페트병, 우유팩, 택배 상자, 나무젓가락 등의 재활용품들도 쓸모 있거든요. 참고로, 저는 다 먹은 생선 가시를 표본으로 만들 때 페트병을 잘라서 만든 그릇을 사용했답니다.

③ '비교'하기 위한 도구

관찰, 실험에서 중요한 것은 '비교하기'예요. 길이, 크기, 무게, 색 등의 이전과 이후 상태를 비교하기, 시간대별로 비교하기, 다른 것과 비교하기 등이 있어요. 그러기 위해서는 자, 줄자, 저울, 시계 등이 있어야 하지요. 크기가 작은 것들의 차이를 비교하기 위해서는 돋보기나 현미경이 필요할 때도 있어요.

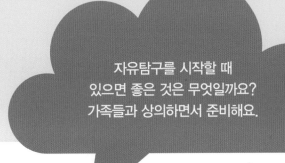

자유탐구를 시작할 때
있으면 좋은 것은 무엇일까요?
가족들과 상의하면서 준비해요.

④ '조사'하기 위한 도구

실험과 관찰 방법을 찾거나 지식을 보다 넓히려면 '조사'를 합시다. 자유탐구를 보다 풍요롭게 해
준답니다. 도서관에 가서 백과사전, 도감 등을 빌려 오거나 인터넷으로 자료를 검색해요. 단, 컴퓨
터는 부모님의 허락을 받고 사용 시간 등 규칙을 지켜서 써야 한다는 것은 다들 알고 있지요?

⑤ '정리'하기 위한 도구

주제에 따라 다르지만, 자유탐구가 끝나면 깔끔하게 정리해서 결과물로 만들어요. 문장으로 정리
하려면 보고서 용지나 원고지를 이용해도 되고, 사진이나 그림으로 정리하려면 스케치북도 좋아
요. 큰 종이에 내용이 한눈에 들어오도록 정리하는 것도 좋은 방법이고요. 여러분의 개성을 보여
줄 좋은 기회입니다. 화이팅!

"이거 사 줘.
저거 사 줘."
하지 말고 스스로
만들어 봅시다.

잠깐 힌트 자신이 사용하기 쉽도록 원하는 대로 도구를 만들어도 좋아요.

4 자유탐구를 진행하는 방법

① 주제를 한곳에 집중해요

주제를 명확하게 하는 것은 매우 중요하답니다. 예를 들면, 본인이 좋아하는 도넛을 '좀 더 알고 싶다'고 합시다. 그때 가장 알고 싶은 것이 도넛의 역사인가요, 아니면 도넛을 맛있게 만드는 방법인가요? 그것도 아니면 도넛이 부풀어 오르는 까닭인가요? 이리저리 생각만 하지 말고 우선은 딱 하나로 주제를 정해 집중해야 해요.

② 가설을 세워요

'도넛이 부풀어 오르는 까닭'을 주제로 정했다고 합시다. 그렇다면 제일 먼저 할 일은 혼자 앉아서 지금까지 자신이 알고 있던 것과 경험했던 것을 바탕으로 "도넛이 부풀어 오르는 까닭은 아마 ○○ 때문일 거야."라고 의견을 써 보는 거예요. 이것이 바로 '가설 세우기'랍니다.

③ 실험하고 관찰해요

자, 드디어 실험 관찰이에요. 이때 빠뜨리면 안 되는 것은 '비교'의 기준을 정해 두는 것이에요. 예를 들면, 한 그릇에는 밀가루에 물을 넣어 5분간 반죽하고, 다른 그릇에는 밀가루에 베이킹파우더를 넣어 5분간 반죽한 뒤에 둘의 차이를 비교해 보는 거예요. 또는 동일한 반죽을 나누어 하나는 5분 동안, 다른 하나는 10분 동안 반죽해서 어떤 차이가 있는지 비교해 보는 방법도 있어요.

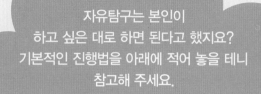

자유탐구는 본인이
하고 싶은 대로 하면 된다고 했지요?
기본적인 진행법을 아래에 적어 놓을 테니
참고해 주세요.

④ 기록해요

자유탐구도 '탐구'이므로 실험 관찰의 결과는 반드시 기록해 두어야 해요. 밀가루와 물을 섞은 반죽을 5분간 치댄 후 부푸는 정도와 베이킹파우더를 넣은 반죽을 5분간 치댄 후 부푸는 정도는 어떻게 다를까요? 사이즈를 재서 메모하거나 사진이나 동영상으로 찍는 것도 좋아요.

⑤ 고찰해요

실험 관찰의 결과를 바탕으로 알게 된 것을 정리해요. 그러고 나서 "도넛이 부풀어 오르는 까닭은 OO이기 때문이다."라고 자신만의 결론을 이끌어 내는 거예요. 실험 관찰을 통해 느낀 것이나 결론에서 더 나아가 "그럼 이것은 왜 그럴까? 또 신기해지네."라고 생각한 것도 적으면 금상첨화랍니다. 이런 과정을 바로 '고찰한다'고 해요.

실험 상황을
스케치하는 것도
좋아요.

잠깐 힌트	조건을 바꾸어서 비교하면 '탐구'가 됩니다.

5 탐구 결과를 정리하고 발표하는 방법

① 관심을 끄는 제목을 붙여요

제목은 다른 사람의 흥미와 관심을 끌기 위해 매우 중요한 것이에요. 무엇에 대한 자유탐구인지 금방 알 수 있고, 듣는 사람이 '음, 재미있겠는데?' 하고 관심을 기울일 만한 제목으로 정해요. '도 넛에 관하여'라고만 하면 재미없기도 하고 관심도 끌 수 없거든요.

또한 눈에 확 띄도록 큰 글씨로 적거나 색을 다르게 하거나 아니면 종이를 붙이는 것도 좋은 방 법이에요.

② 주제를 고른 동기를 적어요

탐구 주제를 고른 까닭, 즉 무엇을 하다가 '신기하다'고 느낀 계기를 적는 거예요. 도넛을 먹고 있 었는데 '왜 도넛은 이렇게 맛있을까?' '폭신폭신해서 그런가?' '그런데 왜 도넛은 이렇게 폭신폭신 하지?' '신기하다.'라고 생각한 것이 계기라면, 그것을 적으면 된답니다.

③ 실험과 관찰 방법을 적어요

어떤 재료와 도구를 써서 어떤 과정으로 실험 관찰을 했는지 발표 자리에 없던 사람이라도 알 수 있도록 써야 해요. 순서를 정하고 번호를 붙여서 적어도 좋아요. 그림이나 사진 등을 넣어서 설명 한다면 더욱 알기 쉽겠지요. 어떤 결과가 나올 것이라 생각했는지 예측을 적어도 좋답니다.

알게 된 것, 깨달은 것을
주변 사람들에게도 전하는 거예요.
다른 사람이 이해하기 쉽게 정리하는 방법을
아래에 적었으니 참고하세요.

④ 결과를 적어요

실험 관찰의 결과를 적어요. 나중에 되돌아보면 알겠지만, 결과는 자유탐구의 출발점이랍니다. 그만큼 중요한 부분이에요. 결과를 몰랐기 때문에 궁금했던 거니까요.

표로 정리하기, 그래프로 나타내기, 그림이나 사진을 첨부하기 등을 이용해 상대방이 알기 쉽고 재미있게 읽을 수 있도록 다양하게 궁리해 보세요. 주변 사람들이 읽고 나서 "응? 정말이야?" "아, 그렇구나!"라고 해 주면 정말 기쁘겠지요?

⑤ 알게 된 것, 깨달은 것, 자신의 변화를 적어요

실험 관찰의 결과에서 자신이 알게 된 것이나 깨달은 것을 기록해요. 그런데 만일 실험 관찰을 했는데도 알아낸 것이 아무것도 없다면 속상하겠지요? 그러나 그것도 정직하게 기록하면 좋겠어요. 중요한 것은 실험 관찰의 성공 여부가 아니라 자유탐구를 통해 자신이 어떻게 변했는지랍니다.

열심히 한 만큼
많은 사람들에게
보여 줍시다!

잠깐 힌트 '내 결론을 ○○가 읽어 주면 좋겠다.'라며 생각나는 사람을 떠올리며 적어 볼까요?

주변에 펼쳐진 신기한 탐구 주제

자유탐구 주제는 주변에 얼마든지 펼쳐져 있어요. 호기심 가득한 눈으로 탐구 주제를 찾아보세요.

만일 냉장고가 없다면?

다른 집 냉장고에는 뭐가 들어 있을까요? 만일 냉장고가 없다면 어떻게 음식을 보관할까요? 냉장고가 없던 시절에 사람들은 어떻게 살았을까요?

파란색 무당벌레의 정체는?

하와이에 갔을 때 파란색 무당벌레를 발견한 적이 있어요. 책을 찾아보니 원래 하와이에는 없었던 것이라고 합니다. 그렇다면, 이 파란색 무당벌레는 왜 하와이에 있는 걸까요?

좋아하는 참치는 어떤 한살이를 할까요?

저는 참치회를 정말 좋아해요. 그런데 참치는 바다에서 어떻게 생활을 할까요? 뭘 먹고 살지요? 종류에 따라 뭐가 다를까요?

바다에 벌레가 없는 까닭은?

벌레를 보려면 숲이나 산에 가야 한다고 생각하지요? 그런데 생각 외로 연못과 하천에도 벌레는 가득하답니다. 그런데 바다 속에서는 벌레를 본 적이 없어요. 왜 그럴까요?

발코니에 나타나는 벌레, 도대체 뭐지?

아무리 도시 한복판에 있는 집에 살아도 우리는 모기, 파리, 개미, 때로는 바퀴벌레까지 보기도 합니다. 우리 집에는 어떤 벌레가 있을까요? 집마다 나타나는 벌레가 다를까요?

풀이나 나무로 물고기를 잡는 방법이 있을까?

옛날 사람은 풀이나 나무를 비벼서 그 독으로 물고기를 잡았다고 합니다. 그렇다면 어떤 풀이나 나무를 썼을까요? 어떤 물고기를 잡았을까요? 그런데 그렇게 잡은 물고기를 먹어도 안전할까요?

자유탐구로 스스로
생각하는 힘을 길러요

우리 주변에는 자유탐구를 할 거리가 많습니다. 저는 주제를 정해서 연구하고 그 것을 책으로 내거나 학생들에게 알려주는 일을 합니다. 매일매일 자유탐구를 하고 있지요. 최근에는 무당벌레에 흥미가 생겨서 도쿄, 괌, 하와이, 뉴질랜드까지 가서 조사를 했습니다. 이 내용은 머지않아 책으로 정리하겠습니다.

지금은 이런 일을 하고 있지만 솔직히 고백하건대, 제가 어렸을 때는 자유탐구를 싫어했어요. 그 당시 선생님이 좋아하실 만한 주제를 정해야 하고 정답을 찾아야 한다고 생각했기 때문입니다.

어른이 된 지금은 자유탐구가 너무 좋습니다. 왜냐하면 어떤 주제를 정하든 자유이고 답이 한 가지가 아님을 알았기 때문이에요. 스스로 주제를 정하고 이리저리 조사하고 생각하고 나름의 결론을 찾아내는 것이야말로 과학뿐만 아니라 인생에서 가장 중요한 것이 아닐까요?

이 책에서는 아직 어린 여러분들이 자유탐구를 어떻게 하면 재미있게 즐길 수 있을지 도우려고 했어요. 스스로 탐구를 즐기는 여러분은 분명 어른이 된 후 삶도 즐길 수 있을 거예요.

모리구치 미쓰루

교과서 잡는 바이킹 시리즈

초등 교과
연계 도서

초등학생
필독서

어린이
베스트셀러

교과서가 재밌어진다!
공부가 쉬워진다!

**초등학생을 위한
개념 과학 150**

정윤선 지음 | 정주현 감수

**초등학생을 위한
개념 한국지리 150**

고은애 외 지음
전국지리교사모임 감수

**초등학생을 위한
개념 국어 고사성어**

최지희 지음 | 김도연 그림

**초등학생을 위한
과학실험 380**

E. 리처드 처칠 외 지음
천성훈 감수

**초등학생을 위한
수학실험 365 1학기**

수학교육학회연구부 지음
천성훈 감수

**초등학생을 위한
수학실험 365 2학기**

수학교육학회연구부 지음
천성훈 감수

**초등학생을 위한
요리 과학실험 365**

주부와 생활사 지음 | 천성훈 감수

**초등학생을 위한
요리 과학실험실**

정주현, 달달샘 김해진 감수

**초등학생을 위한
자연과학 365 1학기**

자연사학회연합 지음 | 정주현 감수

**초등학생을 위한
자연과학 365 2학기**

자연사학회연합 지음 | 정주현 감수